普通高等教育"十三五"规划教材

实用食品添加剂及实验

周家春　周羽　主编

化学工业出版社

·北京·

内容提要

《实用食品添加剂及实验》按照 GB 2760—2014 的 22 个功能大类，基本完整地介绍了所有 GB 2760 中食品添加剂品种（食品用香料和加工助剂除外）。第一部分（第 1 到第 10 章）较为全面地叙述了食品添加剂的类型、安全性、需要的 pH 条件、作用特点及使用范围；第二部分（第 11 章）介绍了食品添加剂实验，实验方案内容详尽，每个实验附有评价指标或评分标准，理论与实践相结合，实用性强。

本书可作为高等院校食品科学与工程、食品质量与安全、生物工程、生物技术等含有食品科学内容专业的教材，也可以供食品研究与开发人员参考。

图书在版编目（CIP）数据

实用食品添加剂及实验/周家春，周羽主编. —北京：化学工业出版社，2020.9（2024.2重印）

普通高等教育"十三五"规划教材

ISBN 978-7-122-36934-5

Ⅰ．①实… Ⅱ．①周…②周… Ⅲ．①食品添加剂-高等学校-教材②食品添加剂-实验-高等学校-教材 Ⅳ．①TS202-3

中国版本图书馆 CIP 数据核字（2020）第 081560 号

责任编辑：赵玉清 李建丽　　　　　　装帧设计：韩 飞
责任校对：刘 颖

出版发行：化学工业出版社（北京市东城区青年湖南街 13 号　邮政编码 100011）
印　　装：北京科印技术咨询服务有限公司数码印刷分部
710mm×1000mm　1/16　印张9¼　字数152千字　2024 年 2 月北京第 1 版第 2 次印刷

购书咨询：010-64518888　　　　　　售后服务：010-64518899
网　　址：http://www.cip.com.cn
凡购买本书，如有缺损质量问题，本社销售中心负责调换。

定　　价：35.00 元

前　言

食品添加剂是食品工业生产不可或缺的原材料，其品种多、功能广、组成成分复杂、管理法规严格。食品添加剂是每一个食品生产从业人员、食品生产监督管理人员、食品销售贸易人员都需要掌握、难以规避的知识。但是，每一个食品添加剂都有原料、生产工艺、化学结构、质量标准、安全指标、使用范围、性能指标、分析方法、管理法规等各个领域，要精通掌握是非常困难的，因此很多人难以深入了解。

食品添加剂的教材和专业书籍已有很多，但是存在编辑收集的类目较多，不易理解和记忆的问题。对于大多数食品生产监督管理人员，最需要了解的是食品添加剂的安全性、允许使用的范围、剂量。对于食品生产从业人员，特别是研究人员而言，面对同一系列的众多品种，还需要了解每个品种的特性，能够为不同食品选择不同的添加剂。本教材正是从这一理念出发，以简练的语言、清晰的标号，突出食品添加剂的安全性指标、作用机理、个体特性和使用范围。

编者从事食品和食品添加剂的教学、研究、检测工作多年，积累了丰富的食品添加剂专业知识。本教材的绪论、第1章至第5章由华东理工大学周家春编写，第6章至第11章由上海市质量监督检验技术研究院周羽编写。在编写期间得到了上海市食品添加剂和肥料行业协会常务副会长吉鹤立教授、上海市质量监督检验技术研究院彭亚锋教授、华东理工大学周英副教授等的大力支持，谨在此表示感谢。

本教材按照GB 2760的22个功能大类，基本完整地介绍了所有GB 2760中食品添加剂品种（食品用香料和加工助剂除外），具备了部分工具书的价值。由于编者水平有限，疏漏及不足之处在所难免，敬请读者批评指正。

编者

2020年2月

目 录

绪　论

本单元主要介绍食品添加剂的定义和使用时必须掌握的法规要求、安全概念。

(1) 我国食品添加剂标准的管理

我国食品添加剂标准由国家卫生健康委员会制定与发布，现行有效的是《食品安全国家标准　食品添加剂使用标准》GB 2760—2014。

(2) 食品添加剂的定义

食品添加剂是为改善食品品质和色、香、味，以及为防腐和加工工艺的需要而加入食品中的人工合成或者天然物质。食品用香料、胶基糖果中基础剂物质、食品工业用加工助剂也包括在内。

该定义明确了以下概念：①食品添加剂不是食品配料，但可以直接加入到食品中。②使用食品添加剂是为了 3 个目的，第一是为了美味；第二是为了保藏；第三是为了保证工业化生产的需要。③食品营养强化剂不再属于食品添加剂范畴，对食品营养强化剂制定了《食品营养强化剂使用标准》GB 14880—2012。

虽然食品添加剂古来有之，豆腐、油条皆有用之，但食品添加剂是因食品工业的发展而壮大的。厨房食品或餐厨食品与工业化生产食品的最大差别在于销售半径，没有食品添加剂，没有可靠的食品防腐保鲜技术，就不可能有大生产、大流通的食品，因而食品原料和食品成品季节分明，食品品种单调，原料利用率低。

(3) 食品添加剂标准的国际管理

食品添加剂是现代食品工业的必需，所以世界各国都有各自的食品添加剂法规。为了保障全人类的食品安全，也为了避免贸易壁垒，由联合国粮农组织（FAO）和世界卫生组织（WHO）联合组成了食品法典委员会（CAC），这是世界上第一个协调国际食品标准法规的国际组织，在保护消费者健康和促进国际间公平食品贸易方面发挥了重要作用。

食品添加剂法规委员会（CCFA）是联合国粮农组织、世界卫生组织于1962年共同创建的协调各成员国食品法规、技术标准的唯一政府间国际机构。其制定的标准是世界贸易组织中卫生与植物卫生措施协定规定的解决国际食品贸易争端、协调各国食品卫生标准的重要依据。

食品添加剂专家委员会（JECFA）是联合国粮农组织及世界卫生组织所属的专家团体，成立于1955年，是以科学的立场对世界各国所用食品添加剂的安全性进行评价的组织。JECFA规定的每日允许摄入量（ADI值）在国际上被广泛应用，其制定的食品添加剂产品规格标准也被世界各国所参考使用。

需要指出，各个国家制定的食品添加剂定义、允许使用的食品添加剂品种、食品添加剂的质量标准并不完全相同，在食品国际贸易中要关注其中的差别。

（4）食品添加剂的安全指标

① 每日允许摄入量（ADI）

每日允许摄入量是每天每千克体重允许摄入某种食品添加剂的毫克数。

ADI由JECFA制订，JECFA对ADI的定义是：依据人体体重，终生摄入一种食品添加剂而无显著健康危害的每日允许摄入估计值。ADI数值的得出是根据对动物近乎一生的长期毒性试验中的最大无作用量，取其 $1/100\sim 1/500$ 作为ADI值。ADI是国内外评价食品添加剂安全性的首要和最终依据，各国制订的允许用量绝对不会超过ADI值。

② 半数致死量（LD_{50}）

半数致死量是指一组受试动物死亡一半（50%）的剂量，单位用每千克体重的毫克数表示。

LD_{50}是任何食品添加剂都必须进行的毒理学评价中第一阶段急性毒性试验的指标，不代表亚急性和致畸突变性等毒理情况。LD_{50}是判断食品添加剂安全性的第二个常用指标。

尽管人与动物不同，但对多种动物毒性很低的物质，一般来说对人的毒性往往也很低。LD_{50}与毒性强度之间的比较关系如下：

毒性强度	LD$_{50}$（大鼠，经口/mg/kg）	对人的推断致死量
极大	<1	约50mg
大	1～50	5～10g
中	50～500	20～30g
小	500～5000	200～300g
极小	5000～15000	500g
基本无害	>15000	>500g

③ 一般公认为安全者（GRAS）

GRAS是美国食品安全的一个独特指标，GRAS介于常规食物和食品添加剂之间，它不是常规的食品或食品成分因而不能随意使用，同时也不是食品添加剂，不需要像食品添加剂那样必须在上市销售前得到FDA的批准。GRAS是第三种国际上公认的安全性指标。

（5）食品添加剂的使用原则

尽管食品添加剂必需而且安全，但是必须按照法规要求使用，在GB 2760中明确提出了食品添加剂的使用原则，包括：

● 食品添加剂使用时应符合以下基本要求：①不应对人体产生任何健康危害；②不应掩盖食品腐败变质；③不应掩盖食品本身或加工过程中的质量缺陷或以掺杂、掺假、伪造为目的而使用食品添加剂；④不应降低食品本身的营养价值；⑤在达到预期效果的前提下尽可能降低在食品中的使用量。

● 在下列情况下可使用食品添加剂：①保持或提高食品本身的营养价值；②作为某些特殊膳食用食品的必要配料或成分；③提高食品的质量和稳定性，改进其感官特性；④便于食品的生产、加工、包装、运输或者贮藏。

● 食品添加剂质量标准：按照GB 2760使用的食品添加剂应当符合相应的质量规格要求。

（6）食品添加剂的分类

世界上食品添加剂的总数已达数万种，其中直接使用的有4000多种，常用的在1000种左右。按照我国《食品添加剂使用标准》（GB 2760—2014），食品添加剂分为22个功能大类。①酸度调节剂：用以维持或改变食品酸碱度的物质；②抗结剂：用于防止颗粒或粉状食品聚集结块，保持其松散或自由流动的物质；③消泡剂：在食品加工过程中降低表面张力，消除泡沫的物质；④抗氧化剂：能防止或延缓油脂或食品成分氧化分解、变质，提高食品稳定性的物质；⑤漂白剂：能够破坏、抑制食品的发色因素，使其褪色或使食品免于褐变的物质；⑥膨松剂：在食品加工过程中加入的，能使产品发起形成致密多孔组织，从而使制品膨松、柔软或酥脆的物质；⑦胶基糖果中基础剂物质：赋予胶基糖果起泡、增塑、耐咀嚼等作用的物质；⑧着色剂：赋予食品色泽和改善食品色泽的物质；⑨护色剂：能与肉及肉制品中呈色物质作用，使之在食品加工、保藏等过程中不致分解、破坏，呈现良好色泽的物质；⑩乳化剂：能改善乳化体中各种构成相之间的表面张力，形成均匀分散体或乳化体的物质；⑪酶制剂：由动物或植物的可食或非可食部分直接提取，或由传统或通过基因修饰的微生物发酵、提取制得，用于食品加工，具有特殊催化功能的生物制品；⑫增味剂：补充或增强食品原有风味的物质；⑬面粉处理剂：促进面粉的熟化和提高制品质量的物质；⑭被膜剂：涂抹于食品外表，起保质、保鲜、上光、防止水分蒸发等作用的物质；⑮水分保持剂：有助于保持食品中水分而加入的物质；⑯防腐剂：防止食品腐败变质、延长食品储存期的物质；⑰稳定剂和凝固剂：使食品结构稳定或使食品组织结构不变，增强黏性固形物的物质；⑱甜味剂：赋予食品甜味的物质；⑲增稠剂：可以提高食品的黏稠度或形成凝胶，从而改变食品的物理性状、赋予食品黏润、适宜的口感，并兼有乳化、稳定或使呈悬浮状态作用的物质；⑳食品用香料：能够用于调配食品香精，并使食品增香的物质；㉑食品工业用加工助剂：有助于食品加工能顺利进行的各种物质，与食品本身无关，如助滤、澄清、吸附、脱模、脱色、脱皮、提取溶剂等；㉒其他：上述功能类别中不能涵盖的其他功能。

食品添加剂中着色剂、防腐剂、抗氧化剂这3类物质使用时必须注意，同类添加剂在复配使用时，各组分的加权总量不得超过100%。

（7）食品添加剂的带入原则

① 在下列情况下食品添加剂可以通过食品配料（含食品添加剂）带入食品中：a. 根据本标准，食品配料中允许使用该食品添加剂；b. 食品配料中该添加剂的用量不应超过允许的最大使用量；c. 应在正常生产工艺条件下使用这些配料，并且食品中该添加剂的含量不应超过由配料带入的水平；d. 由配料带入食品中的该添加剂的含量应明显低于直接将其添加到该食品中通常所需要的水平。

② 当某食品配料作为特定终产品的原料时，批准用于上述特定终产品的添加剂允许添加到这些食品配料中，同时该添加剂在终产品中的量应符合本标准的要求。在所述特定食品配料的标签上应明确标示该食品配料用于上述特定食品的生产。

上述①是为了防止以食品配料中带入添加剂的名义违规使用食品添加剂；②是方便特定终产品通过规定的配料携带食品添加剂。

就食品生产而言，人们通常把与食品有关的危害从高到低分为5类：①食品微生物污染；②营养不良（包括营养不足和营养过剩）；③环境污染；④食品中天然毒物的误食；⑤食品添加剂。食品添加剂产生的危害在客观上是最低的。

1

食品防腐剂

本章要点

　　食品防腐剂的作用和安全性，GB 2760 对食品防腐剂使用的规定，不同种类食品防腐剂的作用途径和使用条件。

1.1　与食品防腐剂相似相关的名词

　　防腐：防腐原本不是食品领域的定义，在医学上防腐是指利用抑制细菌生长的技术以防止生物机体腐败。其特点是要在一个相对较长的时期内保持稳定。

　　消毒：消毒是杀死病原菌的方法。其特点是起效迅速，一般要求在数秒至十余秒内能够杀死病原菌。主要针对病原菌营养体，不要求能杀死细菌芽孢。用于消毒的化学药物叫做消毒剂。

　　杀菌：杀菌是指杀灭物体中的病原微生物，包括致病菌及病毒。其强度上应该大于消毒，但芽孢、非致病的嗜热菌等可能存活。

　　灭菌：灭菌是杀灭物体上所有的微生物，包括细菌营养体和芽孢的方法。

　　商业无菌：商业无菌是指物体上允许含有微量休眠的非致病菌，并且该菌在产品储存、运输及销售期间不会增殖。

1.2　食品防腐剂的作用特点

　　食品防腐剂能防止由微生物所引起的腐败变质，以延长食品保存期。食品防腐剂不以快速杀死微生物为主要目的，要求能够在食品保藏期间抑制微生物生长，防止因微生物过度增殖而导致食品腐败变质。

一般食品在产品配料中添加食品防腐剂后，能够在常温下保藏而不发生腐败变质，在此期间微生物的总量应该呈缓慢下降趋势。如果食品防腐剂的用量不足以阻止食品在常温下的增菌趋势，就需要注明食品的保藏条件，特别是温度条件。部分低温销售的熟肉制品就属于这种情况，这类产品的保质期应特别关注。

食品防腐剂不但能够抑制腐败性微生物的生长，而且能抑制有致病或产毒能力的微生物的增殖。食品防腐剂在避免食物中毒的发生、保证食品质量和安全方面有着无可替代的作用。

1.3 食品防腐剂的类型和安全性

1.3.1 食品防腐剂的类型

在22大类食品添加剂中，大多数添加剂都可以按照生产工艺需要添加，也就是无安全性的担忧，仅有少数几类需要关注其安全性指标，食品防腐剂是容易引发人们安全关注的一类添加剂。

防腐剂主要分为四大类，酸型防腐剂如苯甲酸、山梨酸、丙酸以及它们的盐类，这类防腐剂的特点就是食品体系酸性越大，防腐效果越好，在碱性条件下几乎无效；酯型防腐剂如尼泊金酯类等，这类防腐剂的特点就是在很宽的pH范围内都有效，毒性也比较低。这两类都是化学合成的防腐剂。第三类是生物防腐剂如纳他霉素、乳酸链球菌素、溶菌酶等，通过生物发酵或生物原料中分离提取获得，这些物质的安全性很高；无机盐防腐剂如含硫的亚硫酸盐、焦亚硫酸盐等，其第一功能是漂白剂，同时因强氧化作用而具有杀菌效果，使用后有二氧化硫残留。还有一些如双乙酸钠溶于水时释放出42.25%的乙酸，通过乙酸起到防腐作用；1%浓度的甘氨酸对大肠杆菌和枯草杆菌有效，对肉毒杆菌毒素有明显抑制作用，对霉菌酵母无效；磷酸盐类可降低微生物细胞分裂时细胞壁的稳定性，并降低细胞抗热作用。

此外，还有一类的实际功能是果蔬保鲜剂，应用在果蔬的表面涂层，而非添加到果蔬加工食品中，在GB 2760分类中也归于食品防腐剂；固体酒精利用气体蒸发，在蛋糕、面条等鲜销食品的保存方面，有安全、效果显著和无残留的优点，属于有防腐效果的加工助剂。

1.3.2 酸型防腐剂的安全性

1.3.2.1 苯甲酸及其钠盐

苯甲酸及其钠盐 ADI 为 0～5mg/kg（JECFA，2006），大鼠经口 LD_{50} 为 1700mg/kg。^{14}C 示踪证明，大部分苯甲酸在 9～15h 内与甘氨酸结合生成马尿酸（苯甲酰甘氨酸），由尿中排出，另有少量苯甲酸可与葡萄糖醛酸结合生成葡萄糖苷酸，亦由尿中排出，不会在体内蓄积。

大鼠经口 LD_{50} 在 500～5000mg/kg 的毒性为"小"，对人的推断剂量要达到 200～300g；LD_{50} 在 5000～15000mg/kg 的毒性为"极小"；LD_{50} 大于 15000mg/kg 的属于"基本无害"。食盐的 LD_{50} 为 5250mg/kg，味精的 LD_{50} 为 19900mg/kg，可作参照。

1.3.2.2 山梨酸及其钾盐

山梨酸及其钾盐的 ADI 为 0～25mg/kg（JECFA，2006），山梨酸大鼠经口 LD_{50} 为 4920mg/kg，^{14}C 标记化合物证明，约有 85％与其他脂肪酸一样进行 β-氧化而降解，约有 13％的山梨酸用于合成新的脂肪酸。作为一种短链脂肪酸，对人体安全。

1.3.2.3 丙酸及其钠盐、钙盐

丙酸是食品的正常成分，可参加三羧酸循环代谢，无积累性，丙酸及其钠盐、钙盐 ADI 不作规定（JECFA，2006），丙酸大鼠经口 LD_{50} 为 5600mg/kg，丙酸钠小鼠经口 LD_{50} 为 5100mg/kg，丙酸钙大鼠经口 LD_{50} 为 5160mg/kg。

1.3.2.4 脱氢乙酸及其钠盐

脱氢乙酸的 ADI 值没有规定，大鼠经口 LD_{50} 为 500mg/kg，脱氢乙酸钠大鼠经口 LD_{50} 为 794mg/kg，低毒，但高于其他酸型防腐剂。能迅速被人体组织吸收，有抑制体内多种氧化酶的作用。

1.3.2.5 双乙酸钠

双乙酸钠的 ADI 值为 0～15mg/kg（JECFA，2006），大鼠经口 LD_{50} 为

4968mg/kg。

1.3.3 酯型防腐剂的安全性

1.3.3.1 对羟基苯甲酸酯类及其钠盐

对羟基苯甲酸酯的 ADI 为 0～10mg/kg（JECFA，2006），对羟基苯甲酸甲酯小鼠经口 LD_{50} 为 8000mg/kg，对羟基苯甲酸乙酯小鼠经口 LD_{50} 为 3000mg/kg，进入机体后的代谢途径与苯甲酸基本相同，毒性比苯甲酸低。

1.3.3.2 单辛酸甘油酯

单辛酸甘油酯 ADI 不作规定（JECFA，2006），大鼠经口 LD_{50} 大于 15g/kg，在体内和脂肪一样分解代谢。

1.3.3.3 二甲基二碳酸盐

二甲基二碳酸盐的 ADI 以药品生产质量管理规范（GMP）为限，不超过 250mg/L（JECFA，2006），大鼠经口 LD_{50} 为 260mg/kg，是中等毒性的食品防腐剂。对眼和皮肤有腐蚀作用。

1.3.4 生物防腐剂的安全性

1.3.4.1 乳酸链球菌素

乳酸链球菌素 ADI 值 0～33000IU/kg（JECFA，2006），LD_{50} 7000mg/kg，食用后在消化道中很快被蛋白酶水解成氨基酸，不会引起常用其他抗菌素出现的耐药性，也不会改变人体肠道内的正常菌群组成。

1.3.4.2 纳他霉素

纳他霉素的 ADI 值 0～0.3mg/kg（JECFA，2006），大鼠经口 LD_{50} 2730mg/kg，很难被人体消化道吸收，无致敏作用，不产生微生物抗性。

1.3.4.3 ε-聚赖氨酸（盐酸盐）

ε-聚赖氨酸的 ADI 值没有限制［美国食品与药品管理局（FDA）公告］，大鼠经口 LD_{50} 大于 5000mg/kg。ε-聚赖氨酸能在人体内分解为赖氨酸，可完全被人体消化吸收。对小白鼠的饲喂水平即便达到 20000mg/kg 高剂量，也不会产生任何的不利效果或基因突变。

1.3.4.4 溶菌酶

溶菌酶的 ADI 以 GMP 为限 （JECFA，2006），大鼠经口 LD_{50} 20g/kg。作为人体唾液腺分泌的一种保护口腔卫生的成分，溶菌酶对人体完全无毒、无副作用。

从以上的安全数据可知，GB 2760 规定的食品防腐剂毒性基本都很低，人体绝无可能一次性摄入 200～300g 防腐剂。以食品中防腐剂添加量 0.1％ 计，每天即便摄入多达 1kg 的各类加工食品，防腐剂的摄入量也仅 1g，是非常安全的，更何况很多食品并不需要添加防腐剂。

1.3.5 其他防腐剂

① 二氧化碳，ADI 值不作特殊规定 （JECFA，2006）。

② 稳定态二氧化氯，ADI 值 0～30mg/kg （JECFA，2006），LD_{50} 2.5g/kg。

③ 4-苯基苯酚 （钠），用于柑橘保鲜，ADI 值 0～0.2mg/kg （JECFA，2006），LD_{50} 625mg/kg。

④ 2,4-二氯苯氧乙酸，用于柑橘等水果采后储藏保鲜，ADI 值 0.3mg/kg （JMPR，1980），LD_{50} 370mg/kg。

⑤ 桂醛，表面处理鲜水果，ADI 值尚未规定 ［联合国粮食与农业组织/世界卫生组织 （FAO/WHO），1994］，大鼠经口 LD_{50} 2220mg/kg。

⑥ 联苯醚，表面处理鲜水果 （仅限柑橘类），大鼠经口 LD_{50} 3.99g/kg。

⑦ 乙萘酚，表面处理的鲜水果 （仅限柑橘类），对皮肤有强烈刺激作用。

⑧ 乙氧基喹，表面处理鲜水果，大鼠经口 LD_{50} 1470mg/kg。

⑨ 仲丁胺，表面处理鲜水果，ADI 值 0～0.1mg/kg，LD_{50} 0.85～1.82mL/kg。

1.4 酸型防腐剂需要的 pH 条件

无论是否使用防腐剂，或者使用哪种防腐剂，酸性条件都有利于抑制微生物的生长。但是，酸型防腐剂只有在一定的酸性条件下才有防腐作用，pH 过高无防腐功能。因为在低 pH 条件下，酸型防腐剂分子多处于未电离状态，分子态弱有机酸是亲脂性的，可自由透过微生物的原生质膜。进入细胞内后，在细胞器高 pH 环境下发生分子解离，呈离子态而不易透过膜，在微生物细胞内蓄积，引起 pH 状态改变并蓄积毒性阴离子，因抑制细胞的基础代谢反应而达到抑菌目的。

1.4.1 苯甲酸及其钠盐需要的 pH 条件

苯甲酸及其钠盐使用时要低于 pH4.5～5，在 pH4.5 以下 0.1％的苯甲酸及其钠盐对大部分微生物完全能有效抑制。

1.4.2 山梨酸及其钾盐需要的 pH 条件

山梨酸及其钾盐使用时要低于 pH5～6，在 pH5 以下 0.1％的山梨酸及其钾盐对大部分微生物完全能有效抑制，在 pH6 以下 0.2％浓度才有相似作用。

1.4.3 丙酸及其钠盐、钙盐需要的 pH 条件

丙酸及其钠盐、钙盐多用于面包防霉，面团调制不宜增加酸度，而丙酸及其钠盐、钙盐在较高 pH 的介质中仍有较强的抑菌作用，最小抑菌浓度在 pH5.0 时为 0.41％，在 pH6.5 时为 0.5％。

1.4.4 脱氢乙酸及其钠盐需要的 pH 条件

脱氢乙酸及其钠盐虽为酸型防腐剂，但其使用的 pH 范围广，在 pH 大于9 时抗菌活性才减弱。

1.4.5 双乙酸钠

双乙酸钠是乙酸钠和乙酸的分子复合物，10％水溶液的 pH 为 4.5～5.0，所以无需调节 pH。

所以，只有使用苯甲酸及其钠盐和山梨酸及其钾盐时才需要特别关注食品的 pH。

1.5 各种防腐剂的作用特点

1.5.1 苯甲酸及其钠盐的作用特点

苯甲酸及其钠盐是广谱的防腐剂，但对产酸菌作用较弱；当 pH 值在 5.5 以上时，对霉菌和酵母的作用很弱。所以，苯甲酸及其钠盐是以抑制细菌为主的。苯甲酸及其钠盐含 α,β-不饱和羰基结构，①能与微生物酶系统中的巯基结合，抑制微生物的呼吸作用，合成代谢受阻；②干扰细胞膜的通透性，导致细胞自溶。

苯甲酸及其钠盐是应用历史最久的防腐剂，应用的食品范围广，在饮料等食品中广谱抑菌，在果酱等食品中主要起防霉作用。GB 2760 允许使用的范围有：风味冰、冰棍类，果酱（罐头除外），蜜饯凉果，腌渍的蔬菜，胶基糖果，除胶基糖果以外的其他糖果，调味糖浆，醋，酱油，酱及酱制品，复合调味料，半固体复合调味料，液体复合调味料，浓缩果蔬汁（浆），果蔬汁（浆）类饮料，蛋白饮料，碳酸饮料，茶、咖啡、植物（类）饮料，特殊用途饮料，风味饮料，配制酒，果酒。

1.5.2 山梨酸及其钾盐的作用特点

山梨酸及其钾盐主要对霉菌、酵母菌和好气性腐败菌有效，能防止肉毒杆菌、沙门氏菌等有害微生物的生长与繁殖，但对厌氧菌和乳酸菌几乎没有作用。所以，苯甲酸及其钠盐和山梨酸及其钾盐的抑菌谱有一定的互补性。山梨酸及其钾盐也是含 α,β-不饱和羰基结构的防腐剂，能破坏许多重要酶系。

山梨酸及其钾盐的历史同样悠久，由于其更高的安全性和防霉作用，使用的范围更广，除了苯甲酸可使用的范围外，在加工食用菌和藻类、新型豆制品、杂粮、米面制品、面包、糕点、蛋制品、焙烤食品馅心料及表面用挂浆等数十种食品中，起防腐、防霉作用，详见 GB 2760。

1.5.3 丙酸及其钠盐、钙盐的作用特点

丙酸及其钠盐、钙盐有良好的防霉效果，并对引起面包黏丝的好气性芽孢杆菌（如枯草杆菌）有抑制作用，对酵母菌生长基本无影响，因此常用于面包、糕点的防腐。pH5 以下对霉菌抑制作用佳，pH6 以上抑菌能力明显降低。

由于丙酸及其钠盐、钙盐不抑制酵母菌的特点，最大的使用方向是面包，GB 2760 允许使用的范围有：豆类制品、原粮、生湿面制品、面包、糕点、醋、酱油、杨梅罐头。

1.5.4 脱氢乙酸及其钠盐的作用特点

脱氢乙酸及其钠盐的作用主要是抑制酵母菌和霉菌，抑菌力为苯甲酸钠的 2～10 倍，但也属于广谱防腐剂，在较高剂量下也能抑制细菌的生长特别是假单胞菌、葡萄球菌和大肠杆菌。因为可在中性条件下使用，因此适用于较难防腐的奶油、人造奶油类食品。受热的影响也较小，在 120℃下加热 20min 抗菌力无变化。

脱氢乙酸及其钠盐的应用范围包括黄油和浓缩黄油、腌渍的蔬菜、腌渍的食用菌和藻类、发酵豆制品、淀粉制品、面包、糕点、焙烤食品馅料及表面用挂浆、预制肉制品、熟肉制品、复合调味料、果蔬汁（浆）。

1.5.5 双乙酸钠的作用特点

双乙酸钠对各种霉菌、细菌均具有很强的抑制及杀灭作用。双乙酸钠的抗菌作用源于乙酸，乙酸分子能有效地渗透到微生物的细胞壁干扰细胞内各种酶的相互作用。同时因降低水分活度，使菌体蛋白质变性脱水而死亡。

双乙酸钠可用于豆干类、豆干再制品、原粮、粉圆、糕点、预制肉制品、熟肉制品、熟制水产品、调味品、复合调味料、膨化食品。

1.5.6 对羟基苯甲酸酯类及其钠盐的作用特点

对羟基苯甲酸酯类及其钠盐对霉菌、酵母、细菌有广谱抗菌作用，对霉菌、酵母的作用较强，对细菌特别是革兰氏阴性菌和乳酸菌的作用较差。对羟基苯甲酸酯类及其钠盐也是含 α,β-不饱和羰基结构的防腐剂，其作用机制是破坏微生物的细胞膜，使细胞内的蛋白质变性，可抑制微生物细胞的呼吸酶系与电子传递酶系的活性。因具有酚羟基结构，抗菌性能比苯甲酸、山梨酸更强。在 pH3～8 的范围内均有很好的抑菌效果，高温灭菌不改变防腐性能，酯化碳链增长，抑菌性能增强。

对羟基苯甲酸酯类及其钠盐最合适的应用方向是中性食品的防霉，例如蛋糕的馅。使用范围包括：经表面处理的鲜水果，果酱（罐头除外），经表面处理的新鲜蔬菜，焙烤食品馅料及表面用挂浆（仅限糕点馅），热凝固蛋制品，醋，酱油，酱及酱制品，蚝油、虾油、鱼露等，果蔬汁（浆）类饮料，碳酸饮料，果味饮料。

1.5.7 单辛酸甘油酯的作用特点

单辛酸甘油酯为广谱防腐剂，对细菌、霉菌、酵母均有抑制作用，作用的 pH 值范围广，能很好地抑制各种食品中的微生物。

单辛酸甘油酯可用于饺子皮等生湿面制品、糕点、焙烤食品馅料及表面用挂浆（仅限豆馅）、肉灌肠类。

1.5.8 二甲基二碳酸盐的作用特点

二甲基二碳酸盐是冷杀菌剂，是在杀菌后包装前加入，能够有效延长保质期的防腐剂。未特指对哪种微生物有特效，最初用于杀灭葡萄酒中的酵母菌。分子中的焦碳酸基团有很强的亲电子性，能与巯基、羟基、氨基等多种基团反应，钝化酶的活力。

二甲基二碳酸盐允许用于：果蔬汁（浆）类饮料、碳酸饮料、茶（类）饮料、果味饮料、其他饮料类（仅限麦芽汁发酵的非酒精饮料）。

1.5.9 乳酸链球菌素的作用特点

乳酸链球菌素（Nisin）只能抑制革兰氏阳性菌（葡萄球菌、链球菌、乳杆菌等），对革兰氏阴性菌、酵母和霉菌均无作用。乳酸链球菌素对细菌芽孢的抑制最有效，在发芽膨胀时作为阳离子表面活性剂影响细菌胞膜、抑制革兰氏阳性菌的胞壁中肽聚糖的生物合成。对营养细胞的作用点是细胞质膜，它可使细胞质膜中的巯基失活，可使最重要的细胞物质如三磷酸腺苷渗出，严重时可导致细胞溶解。

需要注意的是：①乳酸链球菌素的溶解度在 pH2.5 时为 12%，pH 为 5.0 时下降到 4%，在中性及碱性条件下几乎不溶解。②因为是多肽结构，所以对蛋白水解酶特别敏感。③如被加热到 115℃，在 pH 为 2 时仍能稳定，在 pH 为 5.0 时将失去 40% 的活性，在 pH 为 6.8 时将失去 90% 的活性。

乳酸链球菌素已成功应用于原料鲜乳、巴氏灭菌奶、干酪、酸奶等乳制品中，尤其是干酪生产在巴氏消毒后，酪酸梭菌等生孢梭菌难以杀灭。在干酪中加入 500～1000IU/mL 乳酸链球菌素后，能阻止梭菌生长和毒素形成。同样，肉制品不宜过度加热。在烟熏火腿生产中添加 3000IU/mL 的乳酸链球菌素，亚硝酸盐的添加量可以由 50mg/kg 降到 40mg/kg，并延长货架期。

乳酸链球菌素在酸性条件下的稳定性、溶解度、活性均提高，特别适合作为高酸性食品防腐剂。酸土环脂芽孢杆菌是造成果汁饮料变质的污染菌，耐热、耐酸、产孢子。在果汁饮料中添加乳酸链球菌素，不仅可以降低其巴氏杀菌的加热温度，还可以有效抑制酸土芽孢杆菌的生长繁殖。

乳酸链球菌素可使用的范围有：乳及乳制品、食用菌和藻类罐头、杂粮罐头、其他杂粮制品（仅限杂粮灌肠制品）、方便米面制品（仅限方便湿面制品）、方便米面制品（仅限米面灌肠制品）、预制肉制品、熟肉制品、熟制水产品、蛋制品、醋、酱油、酱及酱制品、复合调味料、饮料类（包装饮用水除外）。

1.5.10 纳他霉素的作用特点

纳他霉素对大部分霉菌、酵母菌和真菌都有高度抑制作用，并能抑制真菌毒素的产生。纳他霉素的抗菌机理在于它能与细胞膜上的甾醇化合物反应，由此引发细胞膜结构改变而破裂，导致细胞内容物的渗漏，使细胞死亡。但细菌的细胞壁及细胞质膜不存在这些类甾醇化合物，所以纳他霉素对细菌没有作用。

需要注意的是：①纳他霉素的添加方式，纳他霉素微溶于水、甲醇，可溶于稀盐酸、冰醋酸，难溶于大部分有机溶剂。②纳他霉素是双电性物质，等电点为 pH6.5，pH 低于 3 或高于 9 溶解度会有所提高，然而，其活性却在 pH 4～7 时最高，pH 低于 3 或高于 9 时抑菌活性可降低 30%。使用时偏离等电点是必要条件，pH4～7 范围仅是优选条件。

由于纳他霉素专性防霉，GB 2760 批准应用范围有：干酪和再制干酪及其类似品，糕点，酱卤肉制品类，熏、烧、烤肉类，油炸肉类，西式火腿，肉灌肠类，发酵肉制品类，蛋黄酱，沙拉酱，果蔬汁（浆），发酵酒。

1.5.11 ε-聚赖氨酸及其盐酸盐的作用特点

ε-聚赖氨酸及其盐酸盐对多种酵母、革兰氏阳性菌、革兰氏阴性菌都有效，对一些病毒也有抑制作用。单独使用时对黑曲霉、枯草芽孢杆菌抑制不明显。ε-聚赖氨酸及盐酸盐的可能抑菌机理是：ε-聚赖氨酸及其盐酸盐改变细胞膜表面静电相互作用，使细胞质膜非正态分布，细胞质的异常分配，造成细胞膜的裂解而使微生物菌体受到损害。

需要注意的是：①ε-聚赖氨酸及其盐酸盐聚合度大于 9 时，其抑菌性较强，而当聚合度小于 8 时，抑菌活性降低。分子量 3600～4300 的抑菌活力最好，分子量小于 1300 的无抑菌活力。②ε-聚赖氨酸及其盐酸盐对热稳定，120℃，20min 灭菌不影响活力。

ε-聚赖氨酸及其盐酸盐抑菌谱广、pH 范围广、热稳定性好，目前 ε-聚赖氨酸批准使用的范围有：焙烤食品、熟肉制品、果蔬汁类及其饮料。ε-聚赖氨酸盐酸盐批准使用的范围有：水果、蔬菜、豆类、食用菌、藻类、坚果及籽类、大米及制品、小麦粉及制品、杂粮制品、肉及肉制品、调味品、饮料类。

1.5.12 溶菌酶的作用特点

溶菌酶是微生物细胞壁的水解酶，只能破坏革兰氏阳性菌的细胞壁，对革兰氏阴性菌作用不大。有些革兰氏阴性菌，如埃希氏大肠杆菌、伤寒沙门氏菌，也会受到溶菌酶的破坏。

需要注意的是：①溶菌酶最适条件是 pH6.0～7.0、25℃。在 pH4.0～7.0、100℃处理 1min 不失活；96℃，pH 值为 3.0 条件下，15min 后活力保持 87%，是一种稳定的碱性蛋白质。②碱和氧化剂对它起抑制作用，食盐则能起活化作用。

溶菌酶适用于只需巴氏杀菌的食品，目前批准使用的范围有：干酪和再制干酪及其类似品、发酵酒。

1.6 食品防腐剂的使用注意事项

1.6.1 GB 2760 对食品防腐剂使用的规定

GB 2760 中仅对三种食品添加剂的复合使用限量作出规定，食品防腐剂是其中之一，另二种是食品抗氧化剂和着色剂，原则是各单体添加量的加权不能超过 1。举例来说，面包中山梨酸钾使用限量 1.0g/kg（单独使用），脱氢醋酸钠 0.5g/kg（单独使用），如果山梨酸钾、脱氢醋酸钠复合使用于面包，山梨酸钾 0.5g/kg 复合脱氢醋酸钠 0.25g/kg 是最高使用量。

1.6.2 使用剂量的选择

食品安全是一个综合工程，不要指望多添加食品防腐剂来保障食品质量。

食品防腐剂自身特点一般也不允许多添加，因为：①苯甲酸钠有安息香气味，对产品风味影响显著；②山梨酸钾对风味影响小于苯甲酸钠，但也有明显感觉，包括咸味；③丙酸钠、丙酸钙晶体没有特别气味，但丙酸有强烈的挥发性气味，面包中添加了丙酸及其钠盐、钙盐，与不添加的对比，有明显感受；④脱氢乙酸及其钠盐有明显的涩味，在饮料中的刺激感特别明显；⑤双乙酸钠因为通过产生乙酸起作用，所以也会有影响；⑥对羟基苯甲酸酯类有强烈的涩味，涩味随酯链增长而增加；⑦单辛酸甘油酯有苦味，不宜量大；⑧二甲基二碳酸盐有刺激性气味，稍有涩味，分解后形成微量的二氧化碳和甲醇；⑨生物防腐剂的成本高，食品生产企业一般不愿提高添加量，聚赖氨酸略有苦味。

1.6.3　食品防腐剂的添加顺序

做成盐类的食品防腐剂，其本体的溶解性往往不好，如苯甲酸难溶于水。在酸性食品中添加防腐剂，要先于酸度调节剂加入，搅拌分散均匀后，在强烈搅拌状态下加入酸度调节剂，避免防腐剂沉淀析出。

1.6.4　食品防腐剂的复配和食品栅栏技术的应用

每种食品防腐剂都有自己的抑菌谱，不可能覆盖所有腐败菌和致病菌，所以，食品防腐剂的使用，最科学的是对各种食品的腐败菌作分析，在此基础上针对性复配选用防腐剂。例如，用山梨酸钾保藏水煮花生，48h后味道有轻微不良，用 0.5g/kg 山梨酸钾、0.3g/kg 脱氢乙酸钠、0.2g/kg 乙二胺四乙酸二钠（EDTA-Na$_2$）复配，调节 pH 至 4.0，48h 内防腐效果相较单一防腐剂效果更佳，最长可保藏 168h。单一山梨酸钾用于面包可保护 8d，山梨酸钾、丙酸钙、脱氢乙酸钠按 0.25∶0.25∶0.5 的比例添加能保护 10d［南方农业，2017，11（17）：77-78］。

此外，微生物防控不应仅依靠一种技术，而要综合利用栅栏技术。食品防腐剂可以结合冷冻保藏，在室温条件下不足以防止食品腐败变质的防腐剂用量，在冷冻条件下就已足量；可以结合加热杀菌，如山梨酸与加热方法合用，可使酵母菌失活时间缩短 30%～80%；可以结合辐照杀菌，如在果蔬汁、乳制品中使用山梨酸，可以降低辐射保鲜处理剂量。

2

食品抗氧化剂

本章要点

食品抗氧化剂的类型、抗氧化剂增效剂的概念、食品抗氧化剂的安全性、食品抗氧化剂品种的作用特点。

2.1 食品抗氧化有关的基本概念

① 食品保存技术的难点，一是微生物控制，二是食品抗氧化。

② 油脂氧化酸败产生哈喇味，不但破坏了油脂的感官质量，更危险的是产生大量自由基，小分子的醛类、酮类等，严重危害身体健康，可造成肝脏疾病，有因食用变质食用油而严重中毒的病例。

③ 食品氧化可以导致油脂及富脂食品的氧化酸败，以及由氧化所导致的褪色、褐变、维生素破坏等。

④ 自由基氧化、水解酸败、热增稠是油脂变质的三大主要因素。

⑤ 油脂的自动氧化是脂肪酸被激发成自由基，结合氧分子为过氧化物后分解；油脂的光氧化是光敏剂激发氧分子为单线态氧，攻击油脂双键为过氧化物，反应速度较自动氧化快千倍。

⑥ 食品抗氧化剂是能防止或延缓食品成分氧化变质的一类食品添加剂。针对油脂氧化机理，有不同的食品抗氧化剂品种。

2.2　食品抗氧化剂的分类和作用机理

食品抗氧化剂有按照来源、结构等分类方法，应用最多的还是根据抗氧化作用方式分类。

2.2.1　自由基吸收剂

阻断脂质氧化最有效的手段是清除自由基，使自由基转变为非活性的或较稳定的化合物，从而中断自由基的氧化反应历程。油脂的自动氧化行程是不饱和脂肪酸受激发后，自由基呈爆炸式链式反应，不断激发稳定的脂肪酸生成自由基，该过程称为传导。

自由基吸收剂能够提供氢原子或正电子与自由基进行反应，在终止原自由基活性的同时，自身不会被激发成新的自由基，从而阻止脂质的继续氧化。自由基吸收剂的功能基础是其分子具有电子云重排能力，分散了活性基团的能量，多数抗氧化剂〔如丁基羟基茴香醚（BHA）、特丁基对苯二酚（TBHQ）等酚类抗氧化剂〕都是有效的自由基吸收剂，向脂肪酸自由基提供氢以后还能成为比较稳定的半醌杂化物，并进一步与过氧化自由基结合成相对稳定的产物：

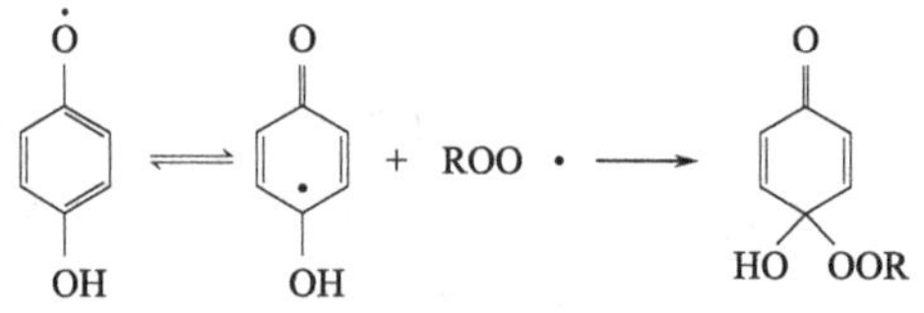

2.2.2　氧清除剂

氧清除剂是通过除去食品中的氧而延缓氧化反应的发生，例如，还原态抗坏血酸提供氢原子后被氧化成脱氢抗坏血酸，脱氢抗坏血酸依旧是稳定的化合物。

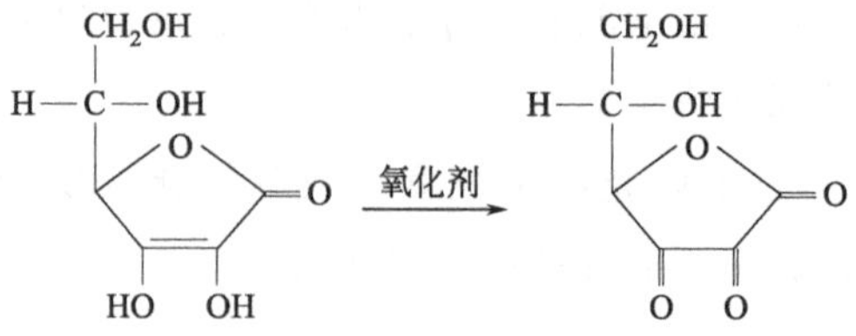

2.2.3　单线态氧淬灭剂

β-胡萝卜素是有效的单线态氧淬灭剂，能迅速与过氧化自由基反应，形成一个共振稳定的化合物：

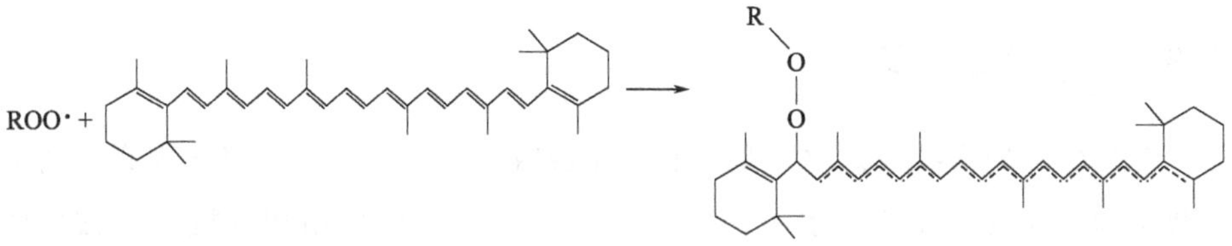

实验研究表明，β-胡萝卜素对 DPPH·、·OH 和 ·O_2^- 有较好的清除作用，在 $20 \sim 100 \mu g/mL$ 范围内时，最大清除率分别为 71.22%、29.81% 和 65.28%。此外，β-胡萝卜素的还原力为 0.74，与维生素 C 相比还原能力相对较弱。

2.2.4　过氧化物中断剂

过氧化物中断剂的作用是次级抗氧化，如硫代二丙酸二月桂酸酯能够与过氧化物结合并裂解为新的稳定化合物，避免过氧化物裂解形成小分子醛、酮而产生哈喇异味。

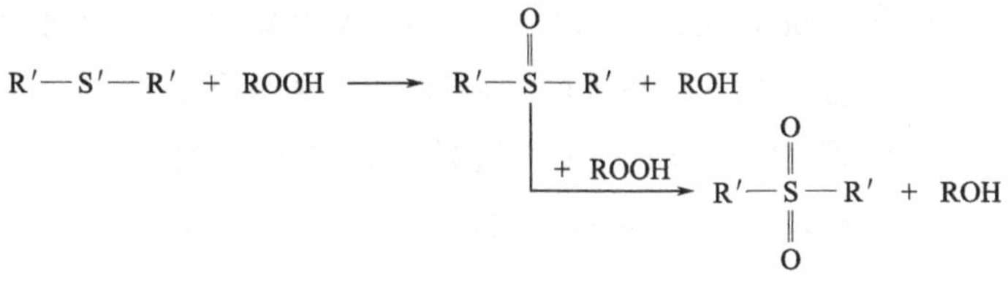

2.2.5　金属离子螯合剂

催化脂肪自动氧化的主要因素是光、热和可变价金属（铁、铜等），金属离子是一种很好的助氧化剂，因此，螯合金属离子就成为一种抗氧化的有效手段。在食品抗氧化中广泛使用的金属离子螯合剂有植酸、乙二胺四乙酸二钠钙等。

植酸和乙二胺四乙酸二钠钙的分子结构中并不含有清除氧或自由基的成分，单独使用不具备抗氧化能力，但与其他抗氧化剂复合使用，能有效提高食品抗氧化的整体效果，这类物质也被称为抗氧化剂增效剂。

2.3　食品抗氧化剂应用的关注点

2.3.1　溶解性分类

食品保藏的主要难点之一是脂肪氧化酸败，所以，食品抗氧化剂家族的大多数是脂溶性抗氧化剂。水溶性抗氧化剂仅维生素 C 同系物（抗坏血酸棕榈酸酯除外）、茶多酚和竹叶抗氧化物，主要应用方向是控制果蔬褐变。植酸和乙二胺四乙酸（EDTA）二钠钙可水溶，但不单独使用。

2.3.2　食品抗氧化剂的添加限量

食品抗氧化剂的添加基数是食品中油脂的含量而非食品质量，例如，丁基羟基茴香醚（BHA）在饼干中允许添加的最高限量是 0.2g/kg（以油脂中的含量计），如果该饼干含 10% 油脂，那么饼干中 BHA 的最高添加量是 0.02g/kg。

2.3.3　食品抗氧化剂的使用时限

如此微量的食品抗氧化剂（0.02%），能够让激发形成的自由基与其反应，而不与相对含量高达 99.98% 的油脂反应，说明食品抗氧化剂的反应活化能远低于脂肪酸激发，而微小的含量只有在油脂酸败前添加才可能抗氧化，若油脂中已经形成大量自由基，微量的食品抗氧化剂于事无补，甚至加速氧化。

2.3.4　食品抗氧化剂增效剂的作用

引发食品氧化的因素不可能单一，所以食品抗氧化剂的种类也应该多样。实践证明：①添加食品抗氧化剂增效剂后的抗氧化效果显著高于使用单一抗氧化剂的效果；②使用复合品种食品抗氧化剂的抗氧化效果，明显高于使用总量相等、单一抗氧化剂的效果，不同抗氧化剂有互为增效的作用。

2.4　各种食品抗氧化剂的安全性和作用特点

　　普通消费者常关心食品防腐剂、香精、色素的安全性，对食品抗氧化剂了解不多，而作为 GB 2760 规定的复合添加分值总量不能超过 1 的三个大类之一，食品抗氧化剂的安全性需要关注。

2.4.1　丁基羟基茴香醚（BHA）

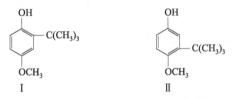

3-叔丁基-4-羟基茴香醚(3-BHA)　　2-叔丁基-4-羟基茴香醚(2-BHA)

① ADI 值为 0～0.5mg/kg（JECFA，2006），大鼠经口 LD_{50} 为 2.2～5g/kg。

② 自由基吸收剂。

③ 对动物油脂的抗氧化效果优于植物油脂。

④ 兼具抗氧化和抗菌作用。

⑤ 酚类的蒸发异味较明显。

⑥ 用量超过 0.2g/kg 抗氧化效果反而下降。

⑦ 使用范围：脂肪，油和乳化脂肪制品；基本不含水的脂肪和油；油炸坚果与籽类；坚果与籽类罐头；胶基糖果；油炸面制品；杂粮粉；即食谷物；方便米面制品；饼干；腌腊肉制品类；风干、烘干、压干等水产品；鸡肉粉；膨化食品。单独使用 BHA 可将猪油的氧化稳定性从 4h 提高到 16h，与柠檬酸一起使用可提高到 36h。

2.4.2　二丁基羟基甲苯（BHT）

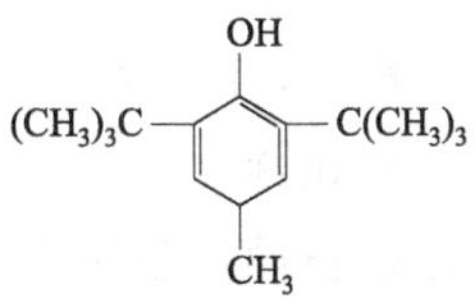

$(CH_3)_3C$　　OH　　$C(CH_3)_3$

CH_3

二丁基羟基甲苯(BHT)

① ADI 值为 0～0.3mg/kg（JECFA，2006），大鼠经口 LD_{50} 为 890mg/kg。

② 自由基吸收剂。

③ 稳定性好，遇金属离子不变色，对热稳定。

④ 抗氧化效果稍逊于 BHA。

⑤ 酚类的蒸发异味较低。

⑥ BHT 的应用范围与 BHA 非常类同，可用于：脂肪，油和乳化脂肪制品；基本不含水的脂肪和油；干制蔬菜（仅限脱水马铃薯粉）；油炸坚果与籽类；坚果与籽类罐头；胶基糖果；油炸面制品；即食谷物；方便米面制品；饼干；腌腊肉制品类；风干、烘干、压干等水产品；膨化食品。

2.4.3　特丁基对苯二酚（TBHQ）

特丁基对苯二酚(TBHQ)

① ADI 值为 0～0.7mg/kg（JECFA，2006），大鼠经口 LD_{50} 为 700～1000mg/kg。

② 自由基吸收剂。

③ 含二个酚羟基，抗氧化能力强，能用于多不饱和脂肪酸（如鱼油）的抗氧化。

④ 耐高温，可用于油炸食品。

⑤ 不影响食品的色泽、风味。

⑥ TBHQ 的应用范围比 BHA 或 BHT 广，可用于：脂肪，油和乳化脂肪制品；基本不含水的脂肪和油；熟制坚果与籽类；坚果与籽类罐头；油炸面制品；方便米面制品；月饼；饼干；焙烤食品馅料及表面用挂浆；腌腊肉制品类；风干、烘干、压干等水产品；膨化食品。

在 BHA、BHT、TBHQ 结构中，由于酚羟基的对位或邻位有供电子的基团，使酚羟基活泼，才能成为抗氧化剂。

在一项抗氧化剂研究中，添加量同为脂肪含量的 0.01％时，BHA 诱导氧化时间是 4.9h，TBHQ 是 6.3h，对照诱导时间是 2.59h。

2.4.4 没食子酸丙酯（PG）

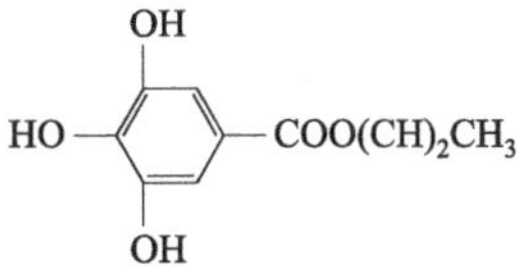

没食子酸丙酯(PG)

① ADI 值 为 0 ～ 1.4mg/kg（JECFA，2006），大鼠经口 LD_{50} 为 3600mg/kg。

② 自由基吸收剂。

③ 对植物油抗氧化效果好，对动物油的效果好于BHA。一般复配使用。

④ 不耐热，对光不稳定，与铁、铜等金属离子反应会变色。

⑤ PG 可用于：脂肪，油和乳化脂肪制品；基本不含水的脂肪和油；油炸坚果与籽类；坚果与籽类罐头；胶基糖果；油炸面制品；方便米面制品；饼干；腌腊肉制品类；风干、烘干、压干等水产品；鸡肉粉；膨化食品。

2.4.5 硫代二丙酸二月桂酯（DLTP）

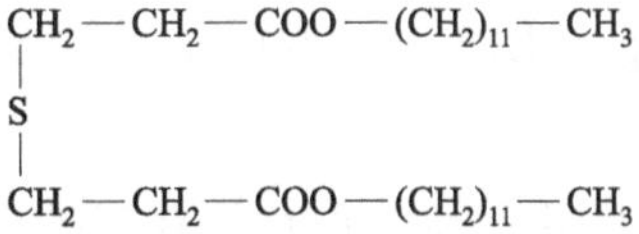

硫代二丙酸二月桂酯(DLTP)

① ADI 值 0～3mg/kg（JECFA，2006），小鼠经口 LD_{50} 为 15g/kg。

② 过氧化物中断剂。

③ 长期存放的稳定性非常高，高温加工时不分解。

④ 抗氧化性能好，常与酚类抗氧剂协同使用。

⑤ DLTP 可用于：经表面处理的鲜水果、经表面处理的新鲜蔬菜、油炸坚果与籽类、油炸面制品、膨化食品。

一组研究显示，在猪油中各加入 0.02% 的抗氧化剂，在 60℃下保藏，检测其过氧化值（meq/kg），研究结果见表 2-1。

表 2-1 添加 0.02％不同抗氧化剂对猪油过氧化值影响的比较

单位：POV 值/(meq/kg)

抗氧化剂 \ 保藏期/d	0	7	14	21	35	52	72
对照	1.1	3.7	10.7	52.7	98.2	145.1	177.9
BHA	1.1	3.1	5.7	7.9	16.0	20.8	26.0
BHT	1.1	2.0	3.0	5.6	7.6	9.8	18.0
PG	1.1	1.8	2.4	4.7	4.7	5.2	8.8
DLTP	1.1	1.2	1.8	3.7	3.6	4.4	8.9

以上是脂溶性食品抗氧化剂中最常用的人工合成系列，下面是常用的天然抗氧化剂。

2.4.6　维生素 E（生育酚）

维生素E

① ADI 值 $0\sim2$ mg/kg（JECFA，2006），大鼠经口 LD_{50} 为 5g/kg。

② 自由基吸收剂。

③ 起效速度比合成抗氧化剂快，但抗氧化活性弱，维护时间短。

④ 对动物油脂的抗氧化效果优于对植物油。

⑤ 对光照和辐射的耐受好，对包装材料阳光的要求低。

⑥ 在 $50\sim100$℃的条件下，抗氧化活性的顺序为 $\delta>\gamma>\beta>\alpha$。

图 2-1、图 2-2、图 2-3 清晰反映了生育酚（Toc）的抗氧化能力，以及对动物油脂的优化效果。

⑦ 生育酚因为安全，不产生异味，所以应用范围广，可用于：调制乳，基本不含水的脂肪和油，油炸坚果与籽类，油炸面制品，即食谷物，复合调味料，果蔬汁（浆）类饮料，蛋白饮料，其他型碳酸饮料，茶、咖啡、植物（类）饮料，蛋白固体饮料，特殊用途饮料，风味饮料，膨化食品。

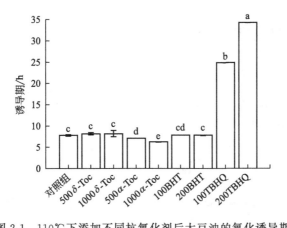

图 2-1　110℃下添加不同抗氧化剂后大豆油的氧化诱导期

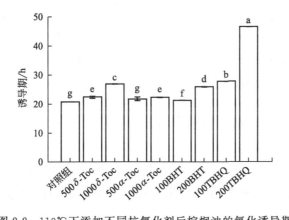

图 2-2　110℃下添加不同抗氧化剂后棕榈油的氧化诱导期

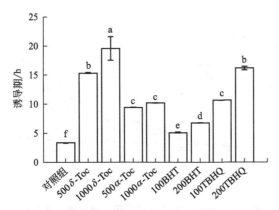

图 2-3　110℃下添加不同抗氧化剂后猪油的氧化诱导期

2.4.7　茶多酚（TP）

表没食子酸没食子酸酯　　　　　　　表儿茶素没食子酸酯

表没食子儿茶素　　　　　　　　　　表儿茶素

① 大鼠经口 LD_{50} 值为 3715mg/kg。

② 自由基吸收剂。

③ 抗氧化能力高于一般非酚性或单酚羟基类抗氧剂（如 BHA）。图 2-4 是对杜仲籽油的抗氧化作用的比较，茶多酚的抗氧化能力高于生育酚而低于 TBHQ。

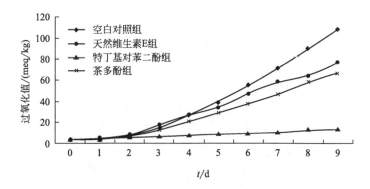

图 2-4　不同抗氧化剂对杜仲籽油的抗氧化作用

④ 有广谱抗菌作用。

⑤ 不可克服的茶色泽和涩味。

⑥ 易水溶，油溶性差，油相需要通过媒介溶解。

⑦ 茶多酚可用于：基本不含水的脂肪和油，油炸坚果与籽类，油炸面制品，即食谷物，方便米面制品，糕点，焙烤食品馅料及表面用挂浆（仅限含油脂馅料），腌腊肉制品类，酱卤肉制品类，熏、烧、烤肉类，油炸肉类，西式火腿类，肉灌肠类，发酵肉制品类，预制水产品，熟制水产品，水产品罐头，复合调味料，植物蛋白饮料，蛋白固体饮料，膨化食品。

2.4.8　茶多酚棕榈酸酯（TE）

① 由原国家卫计委在 2014 年　第 11 号公告中批准为食品添加剂新品种，ADI 值和 LD_{50} 未见报道。

② 极大提高了茶多酚的油溶性，其余作用与茶多酚相同，无异味。

③ 因酯化反应，不再属于天然抗氧化剂。

图 2-5 是 0.02％的 TBHQ、BHA、BHT、ROS（迷迭香提取物）、TE（茶多酚棕榈酸酯）、VE（维生素 E）、AP（抗坏血酸棕榈酸酯）、BHA（0.1％）与 BHT（0.1％）的复合抗氧剂，在高温氧化实验（Ranciment 油脂氧化稳定性测定仪，温度 120℃，通空气量 20L/h）的实验结果，添加 TE、维生素 E 的表现较好，仅次于加 TBHQ。

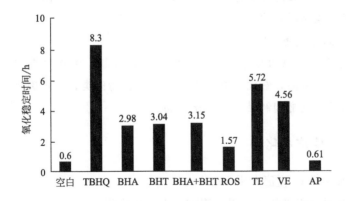

图 2-5　添加 0.02％的不同抗氧化剂在精炼猪油中的高温氧化稳定性

④ 茶多酚棕榈酸酯可用于：基本不含水的脂肪和油。

2.4.9　迷迭香提取物

① 小鼠经口 LD_{50} 值为 $12g/kg$。

② 自由基吸收剂。

③ 水溶性提取物含迷迭香酸、绿原酸等；脂溶性提取物含迷迭香酚、鼠尾草酸、鼠尾草酚等。

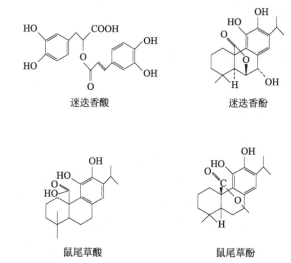

迷迭香酸　　　　　　　　　　迷迭香酚

鼠尾草酸　　　　　　　　　　鼠尾草酚

④ 迷迭香酚的抗氧化活性是 BHA 的 5 倍，鼠尾草酚与 BHA 相当。图 2-6 是迷迭香提取物对油香椿的抗氧化效果，由图可知，迷迭香提取物的抗氧化效果优于茶多酚，次于 TBHQ。

⑤ 明显的迷迭香风味。

⑥ 迷迭香提取物可用于：植物油脂，动物油脂，油炸坚果与籽类，油炸面制品，预制肉制品，酱卤肉制品类，熏、烧、烤肉类，油炸肉类，西式火腿类，肉灌肠类，发酵肉制品类，膨化食品。

2.4.10　甘草抗氧化物

① 大鼠经口 LD_{50} 值大于 $10g/kg$。

② 可抑制油脂光氧化作用，清除自由基能力强。

③ 耐光、耐氧、耐热，脂溶性。

④ 主要成分为黄酮类和类黄酮类物质的混合物，含量以甘草酸计。甘草

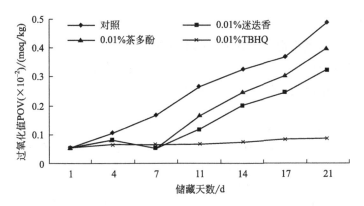

图 2-6 不同种类抗氧化剂对油香椿制品抗氧化效果的影响

酸又名甘草甜素，有甘草的特殊风味。

甘草酸

⑤ 甘草抗氧化物可用于：基本不含水的脂肪和油，油炸坚果与籽类，油炸面制品，方便米面制品，饼干，腌腊肉制品类，酱卤肉制品类，熏、烧、烤肉类，油炸肉类，西式火腿类，肉灌肠类，发酵肉制品类，腌制水产品，膨化食品。

以上都是脂溶性食品抗氧化剂。

2.4.11 竹叶抗氧化物（AOB）

① 小鼠经口 LD_{50} 值大于 $10g/kg$。

② 有强清除自由基及螯合金属离子作用。

③ 主要成分是黄酮（荭草苷等）、内酯（羟基香豆素等）和酚酸（绿原酸

等）类化合物。

④ 溶于水和乙醇溶液。

有关竹叶抗氧化物的多数研究在于其对水产品、鲜肉产品的保鲜效果，无论是理化指标或微生物指标，竹叶抗氧化物都有很好的效果。一篇竹叶抗氧化物在琥珀桃仁中应用的研究显示，其功效甚至高于 TBHQ。

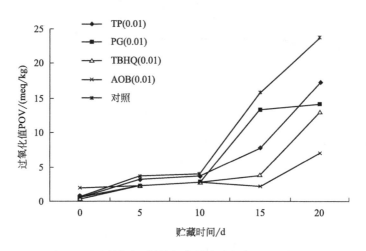

图 2-7　相同剂量不同抗氧化剂琥珀桃仁 POV 的变化

⑤ 竹叶抗氧化物可用于（最大使用量 0.5g/kg）：基本不含水的脂肪和油，油炸坚果与籽类，油炸面制品，方便米面制品，即食谷物，焙烤食品，腌腊肉制品类，酱卤肉制品类，熏、烧、烤肉类，西式火腿类，肉灌肠类，发酵肉制品类，水产品及其制品，果蔬汁（浆）饮料，茶（类）饮料，膨化食品。

2.4.12　抗坏血酸

$$
\begin{array}{c}
CH_2OH \\
| \\
H-C-OH \\
| \\
\end{array}
$$

L-抗坏血酸

① L-抗坏血酸的 ADI 值 $0 \sim 15mg/kg$（JECFA，2006），大鼠经口 $LD_{50} \geqslant 5000mg/kg$。

② 抗坏血酸系列都是氧清除剂。

③ 味酸，强还原性，溶液状态下极不稳定。

④ 抑制果蔬褐变，清除顶隙中氧气。

2.4.13　抗坏血酸钠，抗坏血酸钙

① 抗坏血酸钠的 ADI 值不作特殊规定（JECFA，2006），大鼠经口 $LD_{50} \geqslant 5000mg/kg$。抗坏血酸钙的 ADI 值不作特殊规定（JECFA，2006）。

② 抗坏血酸钠 pH 基本中性，稳定，溶解度高。

③ 抗坏血酸钙 pH 基本中性，稳定，抗氧化作用优于抗坏血酸。

2.4.14　D-异抗坏血酸及其钠盐

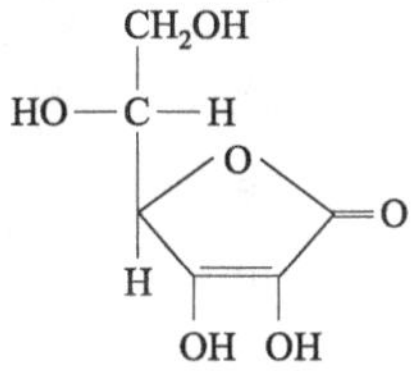

D-异抗坏血酸

① ADI 值不作特殊规定（JECFA，2006），大鼠经口 LD_{50} 为 18g/kg。

② 抗氧化能力高于 L-抗坏血酸。

③ 干燥状态下相当稳定，溶液状态下不稳定。

抗坏血酸、抗坏血酸钠、抗坏血酸钙、D-异抗坏血酸、D-异抗坏血酸钠，都可根据生产需要添加，除 GB 2760 表 A.3 中限定的 14 种食品外，无使用剂量和范围的限制。表 A.3 中的浓缩果蔬汁（浆）及部分产品也可按限量使用。

2.4.15　抗坏血酸棕榈酸酯（AP）

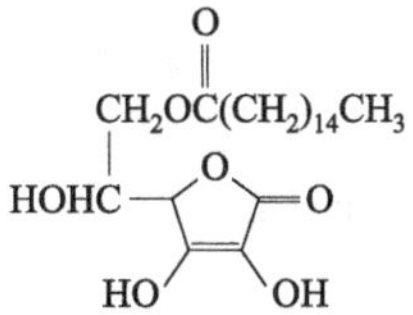

抗坏血酸棕榈酸酯

① ADI 值 0～1.25mg/kg（JECFA，2006）。

② 脂溶性，非天然。

③ 单独使用效果优于 BHA。

④ 耐热，可油炸。

图 2-8 是抗坏血酸棕榈酸酯（AP）和 D-异抗坏血酸棕榈酸酯（IP）的抗氧化效果，IP 优于 AP，和 BHT 接近。

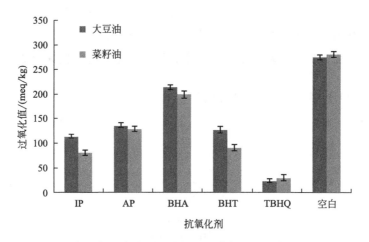

图 2-8　添加不同抗氧化剂的大豆油和菜籽油的过氧化值（30d）

⑤ 抗坏血酸棕榈酸酯可用于：乳粉和奶油粉及其调制产品；脂肪，油和乳化脂肪制品；基本不含水的脂肪和油；即食谷物；方便米面制品；面包；婴幼儿配方食品；婴幼儿辅助食品。

2.4.16　4-己基间苯二酚

4-己基间苯二酚

① 大鼠经口 LD_{50} 值为 550mg/kg。

② 酪氨酸酶抑制剂。

③ 使用范围：鲜水产（仅限虾类），防止虾头褐变。

2.4.17 植酸，植酸钠

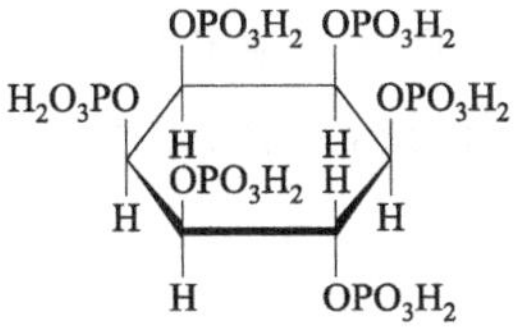

植酸

① 小鼠经口 LD_{50} 值为 4300mg/kg。

② 金属离子螯合剂。

③ 对果蔬可提高保鲜期，对鱼贝类防止褐变，对乌贼、虾等可抑制磷酸铵镁结晶析出。

④ 使用范围：基本不含水的脂肪和油，加工水果，加工蔬菜，装饰糖果、顶饰和甜汁，腌腊肉制品类，酱卤肉制品类，熏、烧、烤肉类，油炸肉类，西式火腿类，肉灌肠类，发酵肉制品类，鲜水产（仅限虾类），调味糖浆，果蔬汁（浆）饮料。

2.4.18 乙二胺四乙酸二钠钙

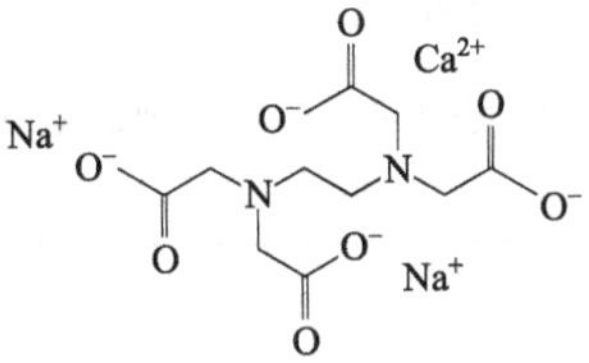

① ADI 值 0~2.5mg/kg （JECFA，2006），大鼠经口 LD_{50} 值 10g/kg。

② 金属离子螯合剂。

③ 使用范围：复合调味料。

柠檬酸和乙二胺四乙酸二钠钙一样，也是金属离子螯合剂，水溶性，添加到油相中都需要通过媒介溶解。

需要说明的是，食品抗氧化剂的能力不是一个恒定数，因油脂品种的不同、加工方式以及食品贮藏方式的不同，性能表现差异较大，需要根据生产实际灵活选用。

2.5 食品抗氧化剂增效使用

① 抗氧化剂增效剂看似不具备抗氧化能力，但在实际使用中是不可或缺的，如前述的油香椿制品，添加增效剂的作用如图 2-9 所示，特别是植酸和柠檬酸的增效作用非常明显。

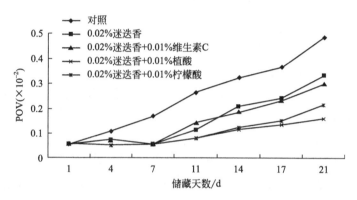

图 2-9　添加增效剂的迷迭香对油香椿制品抗氧化效果的影响

② 抗氧化剂的复配使用效果同样明显，在抗氧化剂总量相同的情况下，抗氧化效果有明显提升（表 2-2），所以实际使用时抗氧化剂极少单一添加，以数个抗氧化剂结合增效剂的复合使用效果最佳。

表 2-2　抗氧化剂的协同效应（抗氧化剂总量 0.02%，60℃保温）

单位：POV 值/(meq/kg)

保藏期/d 抗氧化剂	0	7	14	21	35	52	72
BHA	1.1	3.1	5.7	7.9	16.0	20.8	26.0
BHA/DLTP	1.1	1.6	2.4	4.2	5.2	8.9	19.3
BHT	1.1	2.0	3.0	5.6	7.6	9.8	18.0
BHT/DLTP	1.1	1.9	2.3	4.2	5.4	8.4	16.5
PG	1.1	1.8	2.4	4.7	4.7	5.2	6.8
PG/DLTP	1.1	1.4	2.1	3.6	3.8	4.1	4.6

3

食品增稠剂

3.1 食品增稠剂的作用原理

① 食品增稠剂是分子可以完全解聚分散的亲水大分子。

② 食品增稠剂分子上有大量羟基、羧基等亲水基团。

③ 食品增稠剂分子在水相中铺展及缠绕，通过与水的亲和，迟滞水的自由流动，形成黏度。水是连续相，增稠剂是分散相，成为溶胶。

④ 食品增稠剂分子在水相中铺展，在氢键等作用力下，增稠剂间亲和力大于增稠剂和水之间的亲和力，部分增稠剂分子交联成不规则的立体网状结构，形成连续相。水相在水化作用、毛细管凝聚作用下，被分散在交联网中与胶体亲和，形成不流动的半固体物质，成为凝胶。

⑤ 随体系的 pH、电解质、增稠剂分子中支链的密度和长度、增稠剂的电荷携带等因素影响凝胶的形成。因温度上升而熔化的凝胶，称为热可逆凝胶，冷却后复形成凝胶。反之则称热不可逆凝胶。

⑥ 外加机械力可能暂时减弱增稠剂分子间的作用力，宏观表现为胶体黏度下降，流动性增加，称为增稠剂的触变性。

3.2　食品增稠剂的安全性

食品增稠剂来源于植物渗出液、植物种子、海藻、动物胶原蛋白，或对天然物质进行修饰改性而成。以几个最常用的食品增稠剂为例，果胶、明胶、瓜尔胶、卡拉胶、醋酸酯淀粉等都位于 GB 2760 的表 A.2"可在各类食品中按生产需要适量使用的食品添加剂名单"中。在 JECFA—2006 作出的 ADI 限量规定中，食品增稠剂的 ADI 都是"不需特殊规定"。由此可知，食品增稠剂无使用安全风险。事实上，多数食品增稠剂在营养学上属于水溶性膳食纤维，对人体健康有益无害。

3.3　食品增稠剂选用原则及主要功能特性

多种不同的功能特性构成了特定食品增稠剂的性能，而食品增稠剂是除香料外品种最多的食品添加剂。选用最适合的食品增稠剂需要根据产品的性能要求判定，如果汁类要优先考虑增稠性能和悬浮性能，果冻类要优先考虑胶凝性能。

食品增稠剂的主要功能特性可以从以下十个方面描述：

① 耐酸性。酸性环境对所有增稠剂的性能都有影响，相当多的增稠剂在酸度达到 pH3～4 时基本丧失了增稠性能，而海藻酸丙二醇酯、耐酸型羧甲基纤维素钠（CMC）、果胶、黄原胶、明胶、瓜尔胶、槐豆胶、罗望子胶、结冷胶等在酸性环境下的性能下降不显著，适用于酸性食品。

② 增稠性。这是增稠剂的基本性能指标，瓜尔胶、黄原胶、琼脂、海藻酸丙二醇酯、罗望子胶、亚麻籽胶等的胶体黏度高；结冷胶、卡拉胶在低浓度下表现出高黏度，浓度提高就会形成凝胶；槐豆胶、果胶、海藻酸盐、明胶、CMC 等的黏度次之；阿拉伯胶、可溶性大豆多糖、酸处理淀粉、氧化淀粉的黏度低。需要说明的是，增稠剂并非黏度越高质量越好，应根据产品需要选择。

③ 溶液假塑性。假塑性有利于料液的管道输送，绝大多数增稠剂都有假塑性，高黏度增稠剂的这一性能更加重要，瓜尔胶、黄原胶、海藻酸丙二醇酯、卡拉胶、槐豆胶、罗望子胶等都有假塑性。

④ 凝胶强度。对于凝胶体系而言，凝胶的硬度、弹性、表面析水等性能

都是重要指标，可单一胶体形成凝胶的有琼脂、结冷胶、卡拉胶、凝结多糖、明胶；海藻酸钠、果胶、罗望子胶在特定条件下可形成不可逆凝胶；此外，非凝胶性的槐豆胶和黄原胶复配使用可形成凝胶。

⑤ 凝胶的可逆性。单一胶体形成的凝胶（凝结多糖除外）热可逆，海藻酸钙和果胶凝胶不可逆。

⑥ 透明度。透明度是产品的质量亮点，结冷胶的透明度最好，凝结多糖、卡拉胶的透明度很高，明胶透明带黄色，果胶一般不透明。

⑦ 冷水可溶解性。有关使用便利性。所有增稠剂在冷水中都能吸水膨胀，阿拉伯胶、瓜尔胶、海藻酸钠、黄原胶、果胶、CMC、槐豆胶等能快速地完全分散到冷水中，明胶需要的时间较久，而琼脂等在冷水中始终保持不溶。

⑧ 乳化能力。部分增稠剂大分子上有亲油基团，具有乳化能力。使用海藻酸丙二醇酯可以不再使用乳化剂，阿拉伯胶乳化能力也很强，常用于配制乳化香精。

⑨ 悬浮能力。含果粒饮料、巧克力乳饮料等体系，增稠剂的悬浮能力十分重要，结冷胶、卡拉胶具有一定的悬浮能力。

⑩ 口感。果胶、明胶、卡拉胶等入口顺滑，无异味，有些增稠剂有糊口感，聚丙烯酸钠口感干涩。

3.4 各种食品增稠剂的性能特点

常用的植物源增稠剂有以下 12 种，果胶、瓜尔胶、阿拉伯胶、槐豆胶、亚麻籽胶、刺云实胶、沙蒿胶、田菁胶、皂荚糖胶、罗望子多糖胶、可溶性大豆多糖、决明胶。

3.4.1 果胶

果胶由柚子、柠檬、柑橘、苹果等水果的皮中提取，最熟悉的含果胶食品有果胶软糖、山楂糕、果丹皮等。

①耐酸性：适用于酸性食品；②增稠性：中等黏度；③溶液假塑性：浓度大于 1％时呈现；④凝胶强度：高酯果胶快凝，低酯果胶慢凝；高酯果胶需可溶性固形物高于 55％（一般加糖）和 pH 小于 3.6（调酸）时才能胶凝；低酯果胶在 Ca^{2+} 存在下有糖或无糖均能形成凝胶；⑤凝胶的可逆性：不可逆；⑥透明度：一般不透明；⑦冷水可溶解性：可溶；⑧乳化能力：甲氧基有一定亲脂性；⑨悬浮能力：较好；⑩口感：增稠剂中最好。

对果酱制品能赋型，提供良好口感。对冰淇淋有乳化稳定作用，成品滑爽细腻。对酸乳、酸乳饮料、果汁有增稠稳定作用，防止分层。对焙烤食品可帮助面团保型，提高口感，延长保质期。对糖果可使成品柔韧，防止结晶。

由于果胶分子链带负电荷，分子间相互排斥果胶链间氢键的形成，在 pH 小于 3.6 时，果胶分子间的排斥作用非常小，链间氢键能够形成。为稳定分于网状结构，增强疏水相互作用，须降低体系水分活度，常用加糖使可溶性固形物含量超过 55％来实现。

使用范围：各类食品 [GB 2760 中表 A.3 所列除外，表 A.3 中的稀奶油、黄油和浓缩黄油、生湿面制品、生干面制品、其他糖和糖浆、香辛料类、果蔬汁（浆）也可使用]。

3.4.2　瓜尔胶

瓜尔胶由热带草本植物瓜尔豆的种子中提取，因增稠性能强而常用于面制品、乳制品、豆制品等食品中（都不需要透明）。

①耐酸性：pH3.5～6.0，黏度随 pH 值降低而降低，pH 值在 3.5 以下时黏度又增大；②增稠性：高黏度；③溶液假塑性：浓度大于 0.5％时呈现；④凝胶强度：不胶凝；⑤凝胶的可逆性：不涉及；⑥透明度：不透明；⑦冷水可溶解性：可溶；⑧乳化能力：有；⑨悬浮能力：较强；⑩口感：无异味，可接受。

对冰淇淋等冷冻食品有保持水分、抑制冰晶增长作用。在饮料中作为耐酸增稠剂、悬浮剂。用于酸奶、果冻、沙拉酱中作为耐酸性乳化稳定剂。用于面条可使表面光滑，增加弹性，干燥过程中防止粘连，减少烘干时间，成品耐煮，不断条。用于面包、糕点中可改善面体柔韧度，控制含油量。

使用范围：各类食品（GB 2760 中表 A.3 所列除外，表 A.3 中的稀奶油、较大婴儿和幼儿配方食品也可使用）。

3.4.3　阿拉伯胶

阿拉伯胶由阿拉伯胶树或金合欢树，经割流收集树胶而制取。因兼具强乳化性而多用于乳化香精制备、饮料、冰淇淋等，也是微胶囊的良好壁材。

①耐酸性：pH4～8 稳定；②增稠性：低黏度；③溶液假塑性：浓度大于 40％时呈现；④凝胶强度：不胶凝；⑤凝胶的可逆性：不涉及；⑥透明度：透明；⑦冷水可溶解性：可溶；⑧乳化能力：强，水包油型；⑨悬浮能力：弱；

⑩口感：无异味，可接受。

阿拉伯胶具有良好的乳化特性，在制备乳化香精时作为乳化稳定剂。在制备微胶囊香精时和明胶一起作为壁材。在糖果中有防止结晶和乳化油脂作用。用于巧克力表面上光，可使巧克力不易发白发花。应用于冷冻食品可极大减少游离水。在啤酒中作为泡沫稳定剂。添加于面包中可赋予表面光滑感。

使用范围：各类食品（GB 2760 中表 A.3 所列除外）。

3.4.4 槐豆胶

槐豆胶又名刺槐豆胶、角豆胶，由豆科植物角豆的种子提取而成。持水能力好，口感柔嫩，适用于果冻、果酱、糖果、干酪、冰淇淋等产品中。

①耐酸性：pH3.5～9 稳定；②增稠性：中等黏度；③溶液假塑性：浓度大于 0.8% 时呈现；④凝胶强度：自身不胶凝，复配卡拉胶可增加凝胶弹性；⑤凝胶的可逆性：不涉及；⑥透明度：透明；⑦冷水可溶解性：部分可溶；⑧乳化能力：有；⑨悬浮能力：较好；⑩口感：好。

槐豆胶用于冷冻乳制品可以增进口感，减缓冰晶形成。用于奶酪生产可加快奶酪的絮凝作用，增加产量并增进涂布效果。用于肉制品、西式香肠等可以改善组织结构和冷冻稳定性。用于面制品可以改善面团持水特性，延长老化时间。槐豆胶与琼脂、卡拉胶、黄原胶等有良好的协同效应，与卡拉胶复配可形成弹性果冻，单独使用卡拉胶则只能获得脆性果冻，与卡拉胶、CMC 的复配是良好的冰淇淋稳定剂。

使用范围：各类食品（GB 2760 中表 A.3 所列除外，表 A.3 中的婴幼儿配方食品也可使用）。

3.4.5 亚麻籽胶

亚麻籽胶又名胡麻胶、富兰克胶，由亚麻籽的皮中提取而成。成膜性好，有很好的乳化能力、泡沫稳定能力和冻融稳定性，适用于灌肠类肉制品、速冻水饺等易脱水食品以及冰淇淋等食品。

①耐酸性：pH5～9 稳定；②增稠性：高黏度；③溶液假塑性：浓度大于 0.3% 时呈现；④凝胶强度：不胶凝；⑤凝胶的可逆性：不涉及；⑥透明度：不透明；⑦冷水可溶解性：可溶；⑧乳化能力：强；⑨悬浮能力：不显著；

⑩口感：可接受。

使用范围：冰淇淋、雪糕类、生干面制品、熟肉制品、饮料类。

3.4.6　刺云实胶

刺云实胶由豆科植物刺云实的种子提取，性能与槐豆胶相似，黏度更高，有胶凝性，适用于透明饮料、乳制品、果酱、果冻、糖果、沙拉等。刺云实胶和刺槐豆胶都较少单独使用，食品组分中含有螺旋结构的物质会与刺云实胶产生一定的协同作用，使产品组织结构致密，保水性强、口感好，基本上可取代刺槐豆胶。

使用范围：干酪和再制干酪及其类似品、冷冻饮品（食用冰除外）、果酱、焙烤食品、预制肉制品、熟肉制品、饮料类（包装饮用水除外）、果冻。

3.4.7　沙蒿胶

沙蒿胶由沙漠植物沙蒿的种子提取，黏度为明胶的1800倍，不溶于水，但可均匀分散于水，吸水数十倍后溶胀成蛋清样胶体，在面团中添加0.2%可使面团拉伸强度提高1～2倍，在谷物及杂粮等面团和面糊中能显著改善其延展性，增强筋力。

使用范围：专用小麦粉、挂面、杂粮制品、方便面、预制肉制品、西式火腿类、冷冻鱼糜制品。

3.4.8　田菁胶

田菁胶由豆科植物田菁的种子提取，性能与瓜尔胶相似，常温下能分散于冷水中，黏度一般比天然植物胶、海藻酸钠、淀粉高5～10倍。具有较强的交联性能，形成具有三维网状结构的高黏度弹性胶冻，其黏度比原胶液高10～50倍。具有良好的抗盐性能。在pH值6～11范围内稳定，pH值为7.0时黏度最高，pH值为3.5时黏度最低。

使用范围：冰淇淋、雪糕类、生干面制品、方便米面制品、面包、植物蛋白饮料。

3.4.9　皂荚糖胶

皂荚糖胶由豆科苏木亚科的皂荚种子提取，黏度高，1.0%水溶液的黏度大于 1600mPa·s。对热、酸稳定。能兼容无机盐，但高价金属离子可使其溶解度下降，特别是高 pH 值情况下。具有稳定泡沫的作用，使更多的空气融入食品而维持食品原有形状，增加黏稠度。

使用范围：冰淇淋、雪糕类、专用小麦粉、调味品、饮料类（包装饮用水除外）。

3.4.10　罗望子多糖胶

罗望子多糖胶有良好的耐热、耐酸、耐盐、耐冻融性，乳化、胶凝和成膜性能好，具有类似果胶的性能，有糖存在时可形成凝胶，适宜的 pH 值范围比果胶更广泛，凝胶强度约为果胶的两倍，且性能稳定。可用于冷冻饮品、可可制品、巧克力制品、糖果、果冻等食品中。在生产低热量的甜品或饮料时，因用糖量少，固形物低，口味差，添加少量的罗望子胶有良好的弥补作用。

使用范围：冷冻饮品（食用冰除外）、可可制品、巧克力和巧克力制品以及糖果、果冻。

3.4.11　可溶性大豆多糖

可溶性大豆多糖是一种从大豆子叶中提取的水溶性多糖，具有很好的耐酸、耐热、耐盐性能，乳化性良好，应用于酸性乳体系中，例如，用于稳定酸性乳饮料时，用量少于果胶时就可以达到相同的稳定效果，而且具有比果胶更清爽的口感。

使用范围：脂肪类甜品、冷冻饮品（食用冰除外）、大米制品、小麦粉制品、淀粉制品、方便米面制品、冷冻米面制品、焙烤食品、饮料类（包装饮用水除外）。

3.4.12　决明胶

决明胶由决明植物的种子提取而得，具有与槐豆胶相同的性质。水溶液的黏度较低，黏度随温度上升而增加，随浓度增加而指数级增加，耐酸、耐盐、热稳定性和冻融稳定性好，与黄原胶及海藻胶混合使用可形成凝胶。

使用范围：风味发酵乳、稀奶油、以乳为主要配料的即食风味食品或其预制产品、冰淇淋、雪糕类、小麦粉制品、方便米面制品、焙烤食品、肉灌肠类、半固体复合调味料、液体复合调味料（不包括醋、酱油）、乳酸菌饮料。

常用的海藻源增稠剂有以下 5 种：琼脂、卡拉胶、海藻酸钠、海藻酸丙二醇酯、海萝胶。

3.4.13　琼脂

琼脂又名琼胶、洋菜、凉粉、冻粉，由石花菜等红藻中提取，是最传统的增稠剂之一，在软糖、酸奶、冰淇淋、饮料、西点、羊羹等食品中都有广泛应用。

①耐酸性：不耐酸，pH4 以上需高浓度增效，pH4 以下不推荐使用；②增稠性：高黏度；③溶液假塑性：浓度大于 0.1％时呈现；④凝胶强度：高、硬、脆；⑤凝胶的可逆性：热可逆；⑥透明度：透明；⑦冷水可溶解性：不溶；⑧乳化能力：无；⑨悬浮能力：较强；⑩口感：较好。

氯化钙、磷酸二氢钙、钾明矾使琼脂的胶凝性能降低。氯化钠使琼脂持水性、黏弹性降低。

六偏磷酸钠、氯化钾、磷酸二氢钾可显著地提高琼脂的胶凝性能，包括凝胶强度、透明度、黏弹性、持水性、溶解性等均有不同程度的提高。

焦磷酸钠、磷酸二氢钠、磷酸三钠、磷酸二氢钾对琼脂黏弹性、持水性有不同程度的提高。

琼脂用于果粒橙饮料能悬浮果肉，口感爽滑。用于果汁软糖，产品的透明度和弹性远胜于其他软糖。用于酸奶复配增稠剂，可以防止乳清析出。用于布丁、果冻、八宝粥、银耳燕窝、羹类食品等，有口感爽滑、透明度高、悬浮性好的优点。

使用范围：各类食品（GB 2760 中表 A.3 所列除外）。

3.4.14　卡拉胶

卡拉胶又名角叉菜胶，从红藻的角叉菜属、麒麟菜属等海藻中提取，是果冻的主要原料，在饮料、糖果、乳制品等食品中广泛应用。

①耐酸性：不耐酸，pH4 以下易分解；②增稠性：高黏度；③溶液假塑性：浓度大于 0.2％时呈现；④凝胶强度：高、弹、嫩；⑤凝胶的可逆性：热可逆；⑥透明度：高透明；⑦冷水可溶解性：不溶；⑧乳化能力：稳定乳化液，无自身乳化能力说明；⑨悬浮能力：强；⑩口感：很好。

卡拉胶用于巧克力牛乳饮料有独特的悬浮稳定作用。用于高脂乳产品如炼乳中可防止脂肪分离。用于固态速溶饮料，可提高产品的贮藏稳定性。用于果冻、布丁、冰淇淋、裱画奶油、酱汁、色拉调味汁等，有赋型、稳定的作用。

使用范围：各类食品〔GB 2760 中表 A.3 所列除外，表 A.3 中的稀奶油、黄油和浓缩黄油、生湿面制品、生干面制品、其他糖和糖浆、香辛料类、婴幼儿配方食品、果蔬汁（浆）也可使用〕。

3.4.15　海藻酸钠

海藻酸钠又名褐藻酸钠、褐藻胶，从海带、马尾藻等褐藻中提取。海藻酸钠冻融后表观黏度不会改变，可用于冷冻食品；添加少量能与水混溶的非水溶剂（如乙醇）会增大溶液黏度，增大添加量则会导致沉淀。

①耐酸性：pH5～9 稳定，在 pH 值为 2～3 时生成不溶于水的海藻酸沉淀析出；②增稠性：中等黏度；③溶液假塑性：浓度大于 0.3％时呈现；④凝胶强度：遇钙离子形成刚性海藻酸钙凝胶；⑤凝胶的可逆性：不可逆；⑥透明度：透明；⑦冷水可溶解性：可溶；⑧乳化能力：有；⑨悬浮能力：较强；⑩口感：可接受。

钙能改变海藻酸钠流体性质，如果加钙速度过快会生成不连续的凝胶，可添加三聚磷酸钠或六偏磷酸钠控制加钙的速度。

海藻酸钠添加到面条中可以明显增加面条筋力，减少断头率，耐煮。用于面包等面食、糕点时，可以有效地防止老化和干燥，减少落屑。用于冰淇淋、冰棒、雪糕类产品可抑制冰晶、口感细腻、保形性好。用于牛奶制品及饮料，口感平滑均匀，无黏滞，不分层。用于糖果、冷冻甜食及食品芯、馅的制作，质地平滑。

使用范围：各类食品〔GB 2760 中表 A.3 所列除外，表 A.3 中的稀奶油、黄油和浓缩黄油、生湿面制品、生干面制品、其他糖和糖浆、香辛料类、果蔬汁（浆）也可使用〕。

3.4.16　海藻酸丙二醇酯

海藻酸丙二醇酯（半合成）又名藻酸丙二醇酯、褐藻酸丙二醇酯，由海藻酸与氧化丙烯聚合而成。对兼具耐酸、增稠、乳化需要的体系如风味发酵乳尤其适合。

①耐酸性：pH2～4 稳定；②增稠性：高黏度；③溶液假塑性：浓度大于 1.0%时呈现；④凝胶强度：不胶凝；⑤凝胶的可逆性：不涉及；⑥透明度：透明；⑦冷水可溶解性：可溶；⑧乳化能力：很强；⑨悬浮能力：强；⑩口感：好。

使用范围：乳及乳制品、调制乳、风味发酵乳、淡炼乳（原味）、氢化植物油、脂肪乳化制品、冰淇淋、雪糕类、果酱、可可制品、巧克力和巧克力制品、胶基糖果、装饰糖果、顶饰和甜汁、生湿面制品、生干面制品、方便米面制品、冷冻米面制品、调味糖浆、半固体复合调味料、饮料类（包装饮用水除外）、果蔬汁（浆）类饮料、含乳饮料、植物蛋白饮料、咖啡（类）饮料、啤酒和麦芽饮料。

3.4.17　海萝胶

海萝胶是红藻海萝源增稠剂，性能与琼脂相似。

使用范围：胶基糖果。

常用的微生物源增稠剂有以下 2 种：黄原胶、结冷胶。

3.4.18　黄原胶

黄原胶又名汉生胶、黄杆菌胶，是一种由假黄单胞菌属发酵产生的单孢多糖。因性能稳定、增稠力强而广泛应用于饮料、面条、糕点、乳制品等。

①耐酸性：pH3～11 稳定；②增稠性：高黏度；③溶液假塑性：浓度大于 1.0%时呈现，低于 1.0%没有报道；④凝胶强度：不胶凝；⑤凝胶的可逆性：不涉及；⑥透明度：不透明；⑦冷水可溶解性：可溶；⑧乳化能力：较强；⑨悬浮能力：强；⑩口感：可接受。

使用范围：各类食品（GB 2760 中表 A.3 所列除外）。

3.4.19　结冷胶

结冷胶又名凯可胶，由假单胞菌发酵后提取而得。结冷胶性能优良、全面，在果冻、馅料、甜食、饮料等各类食品中都有应用。

①耐酸性：pH2～10 稳定；②增稠性：高黏度；③溶液假塑性：浓度 0.01%～0.04%的范围内呈假塑性，大于 0.05%即可形成凝胶；④凝胶强度：高弹性，低硬度；⑤凝胶的可逆性：热可逆；⑥透明度：非常透明；⑦冷水可

溶解性：可溶；⑧乳化能力：无；⑨悬浮能力：很强；⑩口感：好。

结冷胶用于冰淇淋可有效提高冰淇淋的抗融保形性；用于蛋糕有保湿、保鲜和保形的效果；用于果冻和果酱，以及糕点和水果馅料，有良好的持水赋型作用；用于糖果可以提供优越的质构，并缩短软糖成型时间；用于面条可以增加面条硬度、弹性、抑制热水溶胀，减轻汤汁浑浊；用于饼干可以改良饼干的层次，具有良好的疏松度。

使用范围：各类食品（GB 2760 中表 A.3 所列除外）。

常用的动物源增稠剂有以下 2 种：明胶，脱乙酰甲壳素、甲壳素。

3.4.20 明胶

明胶（食用级）是动物胶原蛋白部分水解后，分子量在 1 万～7 万的蛋白质。明胶的应用历史长，应用广泛，在肉制品、糖果、冰淇淋、酸乳、糕点等食品中都有应用。

①耐酸性：pH3～9 范围变化幅度约 10%；②增稠性：中等黏度；③溶液假塑性：无；④凝胶强度：一般在浓度在 10%～15% 时发生胶凝，软嫩，弹性较好；⑤凝胶的可逆性：热可逆；⑥透明度：透明；⑦冷水可溶解性：不溶；⑧乳化能力：强；⑨悬浮能力：对固体颗粒悬浮较好，但容易与多酚类聚合沉淀；⑩口感：好。

明胶的原料（皮、骨、动物品种）、制法（酸法、碱法、酶法）不同，性能变动较多，以实际应用为准。

据报道，全世界的明胶有 60% 以上用于食品糖果工业。在奶糖、蛋白糖、棉花糖、果汁软糖、橡皮糖等软糖中，明胶具有吸水和支撑骨架的作用，能承受较大荷载而不变形。在糖果生产中，明胶比淀粉、琼脂更富有弹性、韧性和透明性。生产弹性充足、形态饱满的软糖、奶糖则需要凝胶强度大的优质明胶。

明胶的胶冻具有熔点较低、易溶于热水、入口即化的特点，因此明胶可用于制作肉冻、含糖胶冻等。明胶用于冰淇淋有防止形成冰晶重结晶，保持组织细腻和降低融化速度的作用。在奶酪、酸奶等乳制品中可添加少量明胶，以防止乳清析出，并保持质地细腻。在罐头食品中添加明胶可以使汤汁凝结，保持食品固形物的湿度和香味，宜采用冻力高一些的明胶。国外较多地用明胶制作食品涂层，起到防止氧化、防止腐败、抑制褐变、提高表面光泽等作用。

使用范围：各类食品（GB 2760 中表 A.3 所列除外）。

3.4.21 脱乙酰甲壳素（壳聚糖）、甲壳素

甲壳素不溶于水和稀酸。壳聚糖有防腐、保鲜作用，需溶解于酸性溶液后添加于食品体系，其黏度随介质酸度下降而提高。

使用范围：a. 壳聚糖，西式火腿类、肉灌肠类。b. 甲壳素，氢化植物油、植脂末、冷冻饮品（食用冰除外）、果酱、坚果与籽类的泥（酱）、醋、蛋黄酱、沙拉酱、乳酸菌饮料、啤酒和麦芽饮料。

常用的纤维素改性的增稠剂有以下 4 种：羧甲基纤维素钠、甲基纤维素、羟丙基甲基纤维素、变性淀粉增稠剂。

3.4.22 羧甲基纤维素钠

羧甲基纤维素钠是纤维素碱化处理后与氯乙酸聚合而成，型号多，性能稳定，可耐酸、透明，在冷冻饮品、糕点、汤料等食品中应用广泛。

每个葡萄糖有三个羟基可羧甲基醚化，即最大醚化度 DS＝3。羧甲基纤维素钠醚化度大于 0.4 时为水溶性，0.8 以上的羧甲基纤维素钠耐酸耐盐好。

①耐酸性：耐酸型羧甲基纤维素钠在 pH2～10 稳定，普通羧甲基纤维素钠不耐酸；②增稠性：中等到高黏度，取代度越高，黏度越大；③溶液假塑性：浓度大于 5％时呈现；④凝胶强度：不凝胶；⑤凝胶的可逆性：不涉及；⑥透明度：透明；⑦冷水可溶解性：可溶；⑧乳化能力：较好；⑨悬浮能力：较好；⑩口感：好。

羧甲基纤维素钠具有良好的冻融稳定性，并且具有一定的乳化能力，所以特别适用于冰淇淋、雪糕等食品。

使用范围：各类食品（GB 2760 中表 A.3 所列除外）。

3.4.23 甲基纤维素

甲基纤维素钠是纤维素碱化处理后与氯甲烷聚合而成，成膜性能好，可用于裱画奶油的防脱水收缩、油炸食品的保持脆度等。

甲基取代度 1.3～2.6 可溶于水，2.4～2.7 溶于极性有机溶剂。

①耐酸性：pH3～11 稳定；②增稠性：中等到高黏度；③溶液假塑性：

有，浓度未报道；④凝胶强度：较强；⑤凝胶的可逆性：独特的热胶凝性质，在 50～70℃时形成凝胶，冷却时熔化；⑥透明度：透明；⑦冷水可溶解性：可溶；⑧乳化能力：强；⑨悬浮能力：较好；⑩口感：好。

使用范围：各类食品（GB 2760 中表 A.3 所列除外）。

3.4.24　羟丙基甲基纤维素

羟丙基甲基纤维素由纤维素与氯甲烷、氧化乙烯聚合而成，羟丙基甲基取代度一般在 1.2～2.0，溶于水及部分溶剂，如乙醇水溶液，水溶液干燥后可形成薄膜。

①耐酸性：pH2～12 稳定；②增稠性：中等到高黏度；③溶液假塑性：有，浓度未报道；④凝胶强度：强；⑤凝胶的可逆性：热胶凝性质，用于油炸、焙烤食品；⑥透明度：透明；⑦冷水可溶解性：可溶；⑧乳化能力：强；⑨悬浮能力：较好；⑩口感：好。

使用范围：各类食品（GB 2760 中表 A.3 所列除外）。

3.4.25　变性淀粉增稠剂

变性淀粉是食品增稠剂的一个分支，有多种品种，覆盖天然食品增稠剂的各个特点。现介绍最常用的品种：

① 淀粉磷酸酯钠，磷酸酯双淀粉。淀粉磷酸酯包括单磷酸酯淀粉和双磷酸酯淀粉，磷酸化度提高，冷水分散性提高，糊化温度降低（50～60℃），糊液的透明性、胶黏性、抗回生能力提高；磷酸酯双淀粉则利用了缓糊化的特性，因糊化温度较高，在罐装食品杀菌初期能依然保持罐内的对流传热。

② 乙酰化二淀粉磷酸酯。乙酰化二淀粉磷酸酯冷冻稳定性高，溶解度、透明度、抗老化能力强，并可用于酸性食品。

③ 羟丙基二淀粉磷酸酯。羟丙基二淀粉磷酸酯对温度、酸度和剪切力的稳定性高，膨润力、透明度显著高于原淀粉，可用于罐装食品、酸奶的生产。

④ 辛烯基琥珀酸淀粉钠。辛烯基琥珀酸淀粉钠具有优良的乳化性能，冷水可溶，用于软饮料中作为乳化增稠剂，用于微胶囊包埋中作为壁材使用。

⑤ 醋酸酯淀粉。醋酸酯淀粉对酸、碱、热、冻融稳定性好。分子间不易形成氢键，凝沉性弱。黏度和透明度高。

使用范围：各类食品（GB 2760 中表 A.3 所列除外）。

3.5　食品增稠剂其他注意事项

① 食品增稠剂最好用纯水分散，加热使其分子完全"糊化"后再与其他组分混合均匀。应避免在电解质或糖浓度高的液相中直接加入增稠剂固体。

② 食品增稠剂吸水膨胀速度快，食品增稠剂固体入水容易结块，加热后更不容易在溶液中分散，可用机械方法辅助分散或与少量糖粉拌匀后化于水中。

③ 天然原料性能不可能完全一致，因此增稠剂粗制品的性能必有波动，推荐使用有具体型号的精制品，以求性能的稳定。

④ 食品中矿物质的含量、价态、荷电性质，加工因素如加热、剪切、酸、碱、酶的降解，食品体系中的溶剂等，都会影响增稠剂的性能，所以，没有只需理论设计就可达到的良好配方。例如，氯化钙、磷酸二氢钙可使琼脂的溶解性和胶凝性能降低；氯化钠使琼脂的持水性、黏弹性降低；六偏磷酸钠、氯化钾、磷酸二氢钾可显著地提高琼脂的胶凝性能，包括凝胶强度、透明度、黏弹性、持水性、溶解性等均有不同程度地提高。添加少量能与水混溶的非水溶剂，如乙醇、乙二醇或丙酮，会增大海藻酸盐溶液的黏度，但增大添加量，将导致海藻酸盐沉淀。

⑤ 食品增稠剂的复配使用是食品增稠剂使用的核心技术，食品增稠剂之间由于亲水基团性质和分子侧链的性能互补，往往有复配增效作用，但由于大分子结构的复杂性，复配增效的机制和实际效果尚未上升到理论，具体应用还需要依据实验结果来确定。例如，琼脂与槐豆胶、角豆胶、卡拉胶、黄原胶、明胶及糊精之间存在着协同增效作用，可提高胶凝性能、持水性和黏弹性等。κ-型卡拉胶形成结实但又脆弱的可逆性凝胶，冷冻后脱水收缩，钾离子能使凝胶达到最大强度，钙离子使凝胶收缩并趋于脆性，调整不同的离子浓度可改变凝胶强度和凝胶温度。凝胶的组织结构可通过添加槐豆胶而变得富有弹性和韧性，添加蔗糖则可增加透明度。

但是，由于电性中和等因素，食品增稠剂的复配也会出现不相容现象，如阿拉伯胶和明胶复配会产生沉淀。

3.6 食品增稠剂应用实例

① 果冻　果冻是凝胶体系，不但要求有一定凝胶强度，不能入口即散，还要求柔弹，口感水润。华南理工大学食品添加剂实验中两组学生配方效果较好，介绍如下：卡拉胶 0.5%、魔芋胶 0.125%、刺槐豆角 0.125%、苹果汁 31%、纯净水 62.5%、白糖 6.9%、柠檬酸 0.0625%；魔芋胶 0.5%、卡拉胶 0.2%、蔗糖 15%、氯化钾 0.2%、柠檬酸 0.3%、香精适量。

② QQ糖　白砂糖 35%、麦芽糖 15%、高果糖浆 20%、麦芽糊精 10%、浓缩果汁 2%～5%、苹果酸 0.2%、柠檬酸钠 0.15%、橘子香精 0.2%、明胶 12%。

③ 琼脂凉粉甜食　蔗糖 7%、果汁 3%～7%、pH5.5～6.5、卡拉胶 0.8%、琼脂 0.3%。

4

食品乳化剂

本章要点

食品乳化剂的作用原理和指标，食品乳化剂的安全性，各类食品乳化剂的应用特点。

4.1 食品乳化剂的作用原理

① 两种互不相溶的液体，一相以微滴形式均匀分散在另一相中的现象称乳化。能够降低表面张力，帮助实现乳化的物质称乳化剂。

② 乳化剂是在分子中同时含有亲水基团和亲油基团的表面活性剂，若溶入纯水中，亲水基与水亲和，疏水基受到排斥，为热力学稳定而自发形成胶束，将亲油基团聚集在胶束中心，亲水基团定向在胶束外侧，以达到热力学稳定。同理，在纯油中乳化剂亲水基受到排斥，同样会形成亲油基定向在外的胶束。若乳化剂溶入乳状液，乳化剂自动定位于二相表面，以求得自身的热力学稳定。乳化剂的自动定位，形成界面膜，客观上消除了水油界面，降低了体系的表面张力，实现了热力学稳定。

③ 乳化剂的基础作用是降低二相界面张力。液-液分散谓之"乳化"，液-固铺展谓之"湿润"，气-液包容谓之"泡沫"。

④ 乳化剂分子中的亲油基团，多为脂肪族化合物。亲水基团（如甘油的羟基）为亲水化合物的分子团，生成的是非离子型乳化剂；亲水基团（如磺酸

基）为电离型化合物，则构成离子型乳化剂。一般离子型乳化剂分子量小，亲和力强，但易受物料体系酸度影响。

⑤ 乳化剂分子中二亲基团的亲和能力差别，决定了乳化剂分子亲和性的偏向，以亲水亲油平衡值（HLB 值）表示，HLB 小于 10 为亲油性，大于 10 为亲水性。HLB 值是乳化剂的核心指标，非离子型乳化剂的 HLB 值的范围为 0～20，离子型乳化剂 HLB 值的范围为 1～40。

⑥ 乳化剂在纯水（或纯油）中自发形成胶束时所需浓度称为临界胶束浓度。临界胶束浓度低，代表亲和基团的亲和力强，所以临界胶束浓度是乳化剂的另一个重要指标。

⑦ 乳化剂阻止分散的微滴丛集增大的作用体现在 3 个方面：降低体系的表面张力，增加热力学稳定性；在相界面上定向排列并形成界面膜，造成物理阻隔；阻挡层形成带电性偏向的双电层，使同相不易聚集，从而防止乳状液粒子聚集。

4.2 食品乳化剂的安全性

天然的（如磷脂）、半合成的（如脂肪酸酯类）食品乳化剂安全性高，吐温系列的安全性相对低些。

4.2.1 磷脂系列

磷脂、改性大豆磷脂、酶解大豆磷脂，位于 GB 2760 的表 A.2 "可在各类食品中按生产需要适量使用的食品添加剂名单"中，ADI 不作特殊规定（JECFA，2006），非常安全。铵磷脂，ADI 0～30mg/kg（JECFA，2006）。

4.2.2 脂肪酸酯系列

单，双甘油脂肪酸酯；乙酰化单、双甘油脂肪酸酯；柠檬酸脂肪酸甘油酯；乳酸脂肪酸甘油酯，位于 GB 2760 的表 A.2 中，ADI 不作特殊规定（JECFA，2006）。聚甘油脂肪酸酯，ADI 0～25mg/kg（JECFA，2006），大鼠经口 LD_{50} 大于 10g/kg；双乙酰酒石酸单双甘油酯，ADI 0～50mg/kg（JECFA，2009），大鼠经口 LD_{50} 大于 10g/kg。

4.2.3 蔗糖脂肪酸酯系列

蔗糖脂肪酸酯位于 GB 2760 的表 A.2 中，ADI $0\sim30$mg/kg（JECFA，2010），大鼠经口 LD_{50} 30g/kg。

4.2.4 硬脂酰乳酸钠、硬脂酰乳酸钙

硬脂酰乳酸钠和硬脂酰乳酸钙的 ADI $0\sim20$mg/kg（JECFA，2006），大鼠经口 LD_{50} 27g/kg。

硬脂酸钾、硬脂酸钙、硬脂酸镁都是食品乳化剂，ADI 不作特殊规定（JECFA，2006）。

4.2.5 酪蛋白酸钠

酪蛋白酸钠的 ADI 不作特殊规定（JECFA，2006），大鼠经口 LD_{50} $400\sim500$g/kg。

4.2.6 聚甘油蓖麻醇酸酯

聚甘油蓖麻醇酸酯的 ADI $0\sim7.5$mg/kg（JECFA，2006），小鼠经口 LD_{50} 大于 46.5g/kg。

4.2.7 丙二醇脂肪酸酯

丙二醇脂肪酸酯的 ADI $0\sim25$mg/kg（JECFA，2006），大鼠经口 LD_{50} 10g/kg。

4.2.8 吐温（Tween）系列

吐温 20、吐温 40、吐温 60、吐温 80 的 ADI $0\sim25$mg/kg（JECFA，2006）；吐温 20、吐温 40 和吐温 60 的大鼠经口 LD_{50} 均大于 10g/kg，吐温 80 的大鼠经口 LD_{50} 为 25g/kg。

4.2.9 司盘（Span）系列

司盘 20、司盘 40、司盘 60、司盘 65、司盘 80 的 ADI $0\sim25$mg/kg（JECFA，

2006)；司盘 20、司盘 40、司盘 65、司盘 80 的大鼠经口 LD_{50} 均大于 $10g/kg$，司盘 60 的大鼠经口 LD_{50} 为 $31g/kg$。

4.3　各类食品乳化剂的应用特点

4.3.1　磷脂的应用特点

①磷脂是卵磷脂、脑磷脂和肌醇磷脂的混合物。②磷脂是两性离子型乳化剂，HLB 值为 8.0。③磷脂不耐高温，80℃就开始变棕色，到 120℃时开始分解。④磷脂的性能介于水包油型乳化剂和油包水型乳化剂之间，可单一使用，风味好。

磷脂改性一般为乙酰化或羟基化，HLB 值增至 $10\sim12$，适用于水包油型乳化剂。磷脂改性后降低油水之间界面张力的能力是磷脂的 8 倍。

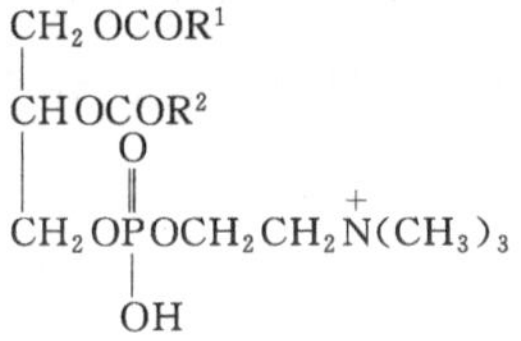

磷脂

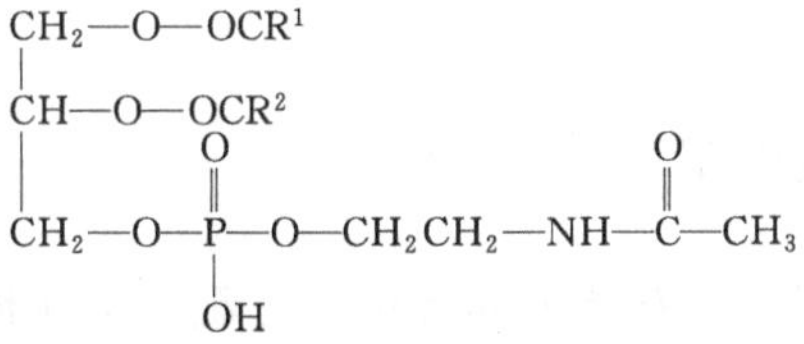

乙酰化改性

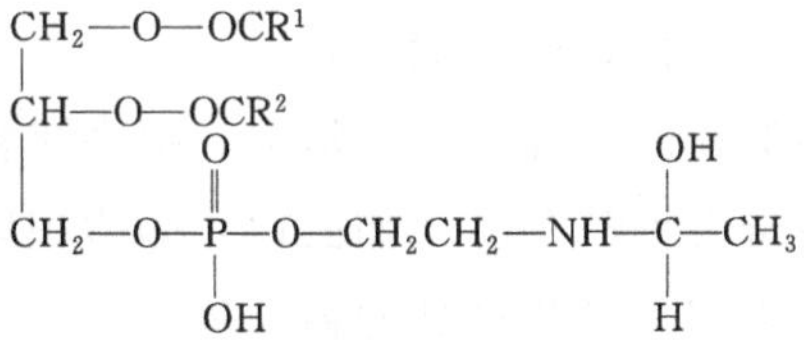

羟基化改性

酶解大豆磷脂是在磷脂酶的作用下，水解掉甘油上的一个脂肪酸，亲水性极大提高，乳化能力可提高 $4\sim5$ 倍。铵磷脂（磷脂酸铵）可以显著降低巧克力酱料黏度。

磷脂及其衍生物在人造奶油、起酥油、巧克力、乳脂糖、面包、饼干、蛋糕、面条、冰淇淋、酱油、速溶乳粉等食品中有广泛应用。在巧克力和乳脂糖中可以赋予产品光泽，改善咀嚼感，降低巧克力精炼时的黏度，防止巧克力发白发花；在面包、饼干、蛋糕中可以防止淀粉老化并具有抗氧化作用；在面条中可以增强产品的韧性，不会延伸变形；在冰淇淋中可以改善口感，防止乳糖结晶。

使用范围：a. 磷脂、酶解大豆磷脂，各类食品（GB 2760 中表 A.3 所列除外）。b. 铵磷脂，巧克力和巧克力制品、可可粉碎品以外的可可制品。

4.3.2 单，双甘油脂肪酸酯的应用特点

①非离子型乳化剂。②普通商品是单甘酯和双甘酯的混合物，脂肪酸可以是月桂酸、油酸等，因结构不同，HLB 值＝3～8。③最广泛的商品形式是分子蒸馏单硬脂酸甘油酯，纯度 99%、HLB 值 3.8，属油包水型。④蜡质感，无不良风味，可溶于食用油，或 80℃ 以上热水中分散后添加。

单，双甘油脂肪酸酯在食品中具有乳化、分散、抗淀粉老化等作用，其中单月桂酸甘油酯具有很强的抑菌效果。

使用范围：各类食品（GB 2760 中表 A.3 所列除外，表 A.3 中稀奶油、黄油和浓缩黄油、生湿面制品、生干面制品、其他糖和糖浆、香辛料类、婴儿配方食品、婴幼儿辅助食品中也可使用）。

4.3.3 蔗糖脂肪酸酯的应用特点

①非离子型乳化剂。②有单酯和多酯，三酯以上属油包水型。③最广泛的商品形式是蔗糖单硬脂酸酯，HLB 值＝16，属水包油型。④水溶、微甜、柔和，含微量盐类而不透明（顶级产品除外）。

蔗糖脂肪酸酯可使淀粉的特殊碘反应消失，提高淀粉的糊化温度，有效地防止淀粉老化，并使酵母发酵类食品（如面包）的体积增大。具有良好的充气作用，可降低巧克力的黏度、延长产品贮藏期等。

使用范围：调制乳、稀奶油（淡奶油）及其类似品、基本不含水的脂肪和油、脂肪乳化制品、冷冻饮品、经表面处理的鲜水果、果酱、可可制品、巧克力和巧克力制品以及糖果、其他专用粉、生湿面制品、生干面制品、面糊、裹粉、煎炸粉、杂粮罐头、方便米面制品、焙烤食品、肉及肉制品、鲜蛋（用于鸡蛋保鲜）、调味糖浆、调味品、饮料类、果冻、其他（乳化天然色素）、其他

（仅限即食菜肴）。

4.3.4 乙酰化单、双甘油脂肪酸酯的应用特点

①非离子型乳化剂。②HLB 值＝2～3，属油包水型。③能保持脂肪 α-晶形、增加泡沫稳定性、保证高脂食品（如冰淇淋、掼奶油）的充气性，用于食品保鲜，有被膜剂作用。④有乙酸气味。

乙酰化单、双甘油脂肪酸酯具有在 0℃ 以下保持液态或塑化态的性能，能保证高脂食品（如冰淇淋、奶油、发泡甜点等）的充气性，控制起酥油的脂肪结晶，能形成弹性膜而又有利于食品的涂层保鲜。

使用范围：各类食品（GB 2760 中表 A.3 所列除外）。

4.3.5 双乙酰酒石酸单双甘油酯的应用特点

①非离子型乳化剂。②HLB 值＝8.0～9.2，油溶，可分散于热水。③具有良好的发泡作用，用于掼奶油等；能增强面团的弹性、韧性和持气性，改善组织结构。④有微量乙酸气味。

双乙酰酒石酸单双甘油酯用于稀奶油可使产品滑润细腻；用于黄油和浓缩黄油能防止油脂析出，提高稳定性；用于植脂末可使产品乳液均一稳定，口感细腻；用于面团能增强面团弹性、韧性和持气性，减少面团弱化度，降低面团的黏度；用于方便面中，能加速水的润湿和渗透，方便食用。

使用范围：调制乳、风味发酵乳等数十种，详见 GB 2760。

4.3.6 聚甘油脂肪酸酯的应用特点

①非离子型乳化剂。②HLB 值跨度很广，三聚甘油单硬脂酸酯的 HLB 值为 6.2，四聚甘油单硬脂酸酯的 HLB 值为 8.4，六聚甘油单硬脂酸酯的 HLB 值为 11.0。③耐热、耐酸，适用于酸乳、酸性饮料等。

聚甘油脂肪酸酯不易发生水解，对产品外观、气味均无不良影响，有良好的充气作用，并可用于抑制结晶形成。用于豆、乳制品能显著提高稳定性，防止产生沉淀、分层、油圈等现象；用于冰淇淋能使产品外观光滑、干湿适当、膨胀率高、口感细腻滑润、保型性好，可抑制冰晶成长。

使用范围：调制乳；调制乳粉和调制奶油粉；稀奶油（淡奶油）及其类似品；脂肪，油和乳化脂肪制品（植物油除外）；植物油（仅限油炸用油）；冷冻

饮品（食用冰除外）；油炸坚果与籽类；可可制品、巧克力和巧克力制品；糖果；面糊、裹粉、煎炸粉；即食谷物；方便米面制品；焙烤食品；调味品（仅限用于膨化食品的调味料）；固体复合调味料；半固体复合调味料；饮料类（包装饮用水除外）；果冻；膨化食品。

4.3.7 硬脂酰乳酸钠（SSL）、硬脂酰乳酸钙（CSL）的应用特点

①阴离子型乳化剂。②SSL 的 HLB 值＝8.3，CSL 的 HLB 值＝5.1。③亲水基团与麦胶蛋白结合，疏水基团与麦谷蛋白相结合，形成面筋-蛋白质的复合物，使面筋网络更为细致而有弹性。④疏水基团能进入直链淀粉的螺旋构型中，使面筋-蛋白质和淀粉结合紧密，在面团调制过程中提高弹性、延伸性和韧性。⑤有类似焦糖气味。

硬脂酰乳酸钠或硬脂酰乳酸钙能提高发酵面团的持气性和焙烤成品的体积，提高面团在调制过程中的弹性、延伸性和韧性，并防止老化，使产品体积增加，不易塌陷，组织柔软均一，不易变硬、掉渣。同时能使食品中的油脂均匀分散，还可作为液体蛋白质和冷冻蛋白质的起泡剂。

使用范围：调制乳，风味发酵乳，稀奶油，调制稀奶油，稀奶油类似品，脂肪乳化制品，脱水马铃薯粉，装饰糖果、顶饰和甜汁，专用小麦粉，生湿面制品，发酵面制品，面包，糕点，饼干，肉灌肠类，调味糖浆，蛋白饮料，茶、咖啡、植物（类）饮料，特殊用途饮料，风味饮料。

4.3.8 硬脂酸钾、硬脂酸钙、硬脂酸镁的应用特点

硬脂酸钾易溶于热水，缓溶于冷水，乳化效率高，呈强碱性。硬脂酸钙不溶于水，在食品配料中能增加流动性，防止食品板结。硬脂酸镁微溶于水，在食品配料中有润滑、抗粘作用。

使用范围：a. 硬脂酸钾，糕点、香辛料及粉。b. 硬脂酸钙，香辛料及粉、固体复合调味料。c. 硬脂酸镁，蜜饯凉果、可可制品、巧克力和巧克力制品以及糖果。d. 硬脂酸钾、硬脂酸钙、硬脂酸镁都不能用于酸性环境。

4.3.9 酪蛋白酸钠的应用特点

①阴离子型乳化剂。②HLB 值为 23.3。③兼具乳化剂和增稠剂作用。

④热稳定性好，起泡性高，可用于各类食品。

酪蛋白酸钠有很好的增黏力和蛋白质特有的起泡性，能使产品内脂肪分布均匀，气泡稳定；能增强肉的黏结性，可增强鱼糕弹性，并能保留水分，几乎不脱水不收缩。

使用范围：各类食品（GB 2760 中表 A.3 所列除外）。

4.3.10 聚甘油蓖麻醇酸酯（PGPR）的应用特点

①非离子型乳化剂。②油包水型乳化剂。③用于巧克力生产，既降低巧克力酱黏度又降低屈服应力。

聚甘油蓖麻醇酸酯具有良好的热稳定性，在 90℃下保持 14d 色泽基本不变。能显著降低巧克力酱料的黏度，提高其流动性，与卵磷脂复配使用可保证巧克力酱的流动性，降低可可脂用量，减薄巧克力涂层的厚度，改善巧克力的口感。

使用范围：水油状脂肪乳化制品、可可制品、巧克力和巧克力制品、糖果和巧克力制品包衣、半固体复合调味料。

4.3.11 丙二醇脂肪酸酯的应用特点

①非离子型乳化剂。②丙二醇单硬脂酸酯的 HLB 值为 2～3，属油包水型。③发泡性好，适用于糕点和奶油的发泡，发泡能力取决于单酯含量。④热稳定好，但乳化力弱，很少单独使用。

丙二醇脂肪酸酯能改善面制品口感，使其耐煮、不糊汤，能延缓糕点因淀粉老化而引起的产品硬化。

使用范围：乳及乳制品；脂肪，油和乳化脂肪制品；冷冻饮品；油炸坚果与籽类；油炸面制品；糕点；复合调味料；膨化食品。

4.3.12 吐温（Tween）系列的应用特点

①非离子型乳化剂。②聚氧乙烯山梨醇酐单月桂酸酯（吐温 20），HLB 值为 16.9；聚氧乙烯山梨醇酐单棕榈酸酯（吐温 40），HLB 值为 15.6；聚氧乙烯山梨醇酐单硬脂酸酯（吐温 60），HLB 值为 14.9；聚氧乙烯山梨醇酐单油酸酯（吐温 80），HLB 值为 15.4。③吐温 60 和吐温 80 可用于食品体系，吐

温 20 和吐温 40 用于生产乳化香精等食品添加剂。④乳化能力强,乳液透明度高。⑤热稳定性和水解稳定性高。⑥略有苦味,有油脂味。

使用范围:调制乳、稀奶油、调制稀奶油、脂肪乳化制品、冷冻饮品、豆类制品、面包、糕点、固体复合调味料、半固体复合调味料、液体复合调味料、饮料类、果蔬汁(浆)类饮料、含乳饮料、植物蛋白饮料、其他(仅限乳化天然色素)。

4.3.13 司盘 (Span) 系列的应用特点

①非离子型乳化剂。②山梨醇酐单月桂酸酯(司盘 20),HLB 值为 8.6;山梨醇酐单棕榈酸酯(司盘 40),HLB 值为 6.7;山梨醇酐单硬脂酸酯(司盘 60),HLB 值为 4.7;山梨醇酐三硬脂酸酯(司盘 65),HLB 值为 2.1;山梨醇酐单油酸酯(司盘 80),HLB 值为 4.3。③食品体系多采用司盘 60、司盘 65 和司盘 80。④乳化能力强,乳液透明度高。⑤热稳定性和水解稳定性高。⑥略有焦糖甜味,有油脂味。

使用范围:调制乳;稀奶油(淡奶油)及其类似品;脂肪,油和乳化脂肪制品(植物油除外);氢化植物油;冰淇淋;雪糕类;经表面处理的鲜水果;经表面处理的新鲜蔬菜;豆类制品;可可制品;巧克力和巧克力制品;除胶基糖果以外的其他糖果;面包;糕点;饼干;果蔬汁(浆)类饮料;植物蛋白饮料;固体饮料;果味饮料;干酵母;其他(仅限饮料混浊剂)。

4.4 食品乳化剂应用的注意事项

① 乳化的理想状态是完全的水包油型或油包水型,消除两相界面排斥。但即便形成了结构完整的界面膜,其稳定性也会受机械搅拌、加热等因素的影响而下降,产生部分破乳。此外,食品乳化剂的作用在于稳定两相之间的分散,但不能克服重力作用,油脂密度小于水,油脂缓慢上浮是必然结果。因此,乳化剂通常和增稠剂一起使用,第一,亲水胶体能以络合的方式加成到被保护的粒子上,使被保护粒子的电荷或其溶剂化膜增强,或者两者同时增强;第二,能延缓油脂微滴的上浮,在商品货架期内保持稳定。

② 食品乳化剂的选用并非 HLB 值越高(或越低)越好,否则容易破乳。应复配使用亲水和亲油型乳化剂。通常水包油型乳化体系,以水包油型乳化剂为主体,复配使用油包水型乳化剂;构建油包水型乳化体系,以油包水型乳化

剂为主体，复配使用水包油型乳化剂。

③ 根据相似相溶原理，乳化剂上的脂肪酸链组成与待乳化油脂的脂肪酸链相同为好。

④ 非离子型乳化剂的 HLB 值具有加和性，可按各乳化剂的质量分数核算，以调整乳化效果。

⑤ 亲水基位于亲油基链另一端的乳化剂比亲水基靠近亲油基的乳化剂好。

⑥ 使用时，所有水包油型乳化剂都可以分散在水中，使用方便。油包水型乳化剂应添加到食用油中，加热熔化后使用；若需要添加到水相中，则80℃以上热水可以把油包水型乳化剂分散均匀。

5

食品用酶制剂

食品用酶制剂的作用分类，各种酶制剂的应用特点。

5.1 定义和通用要求

酶制剂的一般定义是：利用从生物体中提取的酶制成有一定催化活性的商品称为酶制剂。GB 2760 中食品工业用酶制剂的定义是：由动物或植物的可食或非可食部分直接提取，或由传统或通过基因修饰的微生物（包括但不限于细菌、放线菌、真菌菌种）发酵、提取制得，用于食品加工，具有特殊催化功能的生物制品。该定义的核心是，食品用酶制剂是以公认安全的食品为原料（包括食品原料的不可食部分），以及经过安全认证的微生物发酵制品为原料，有安全保证的生物制品。

《食品安全国家标准　食品工业用酶制剂》（GB 25594—2010）的通用标准适用于 GB 2760 允许使用的食品工业用酶制剂，技术要求包括以下几个方面。

（1）原料要求

① 用于生产酶制剂的原料应符合良好生产规范或相关要求，正常使用不应对最终食品产生有害健康的残留污染；

② 来源于动物的酶制剂，其动物组织应符合肉类检疫要求；

③ 来源于植物的酶制剂，其植物组织不得霉变；

④ 微生物生产菌种应进行分类学和（或）遗传学的鉴定，并应符合有关规定。菌种的保藏方法和条件应保证发酵批次之间的稳定性和可重复性。

（2）污染物限量

① 铅（Pb）≤5mg/kg（GB 5009.12）；

② 无机砷≤3mg/kg（GB/T 5009.11）。

（3）微生物指标

① 菌落总数≤50000CFU/g 或 CFU/mL（GB 4789.2）；

② 大肠菌群≤30CFU/g 或 CFU/mL（GB 4789.3 平板计数法）；

③ 大肠杆菌（25g 或 25mL）不得检出（GB/T 4789.38）；

④ 沙门菌（25g 或 25mL）不得检出（GB 4789.4）。

微生物来源的酶制剂不得检出抗菌活性；基因重组微生物来源的酶制剂不应检出生产菌。

5.2　蛋白酶类

蛋白酶以水解酶居多，主要用于提高风味、提高产品稳定性（水解沉淀物）、改善营养价值等。蛋白酶多为内切酶，动物来源的蛋白酶专一性较强，植物和微生物来源的蛋白酶专一性较弱。谷氨酰胺转氨酶有聚合的作用，风味蛋白酶有外切酶活力。

5.2.1　木瓜蛋白酶

① 由木瓜的未成熟果实提取乳液，经凝固、沉降、干燥得粗制品。其中木瓜蛋白酶占可溶性蛋白质的 10%，木瓜凝乳蛋白酶占可溶性蛋白质的 45%，溶菌酶占可溶性蛋白质的 20%。

② 有蛋白酶和酯酶的活性，对动植物蛋白、多肽、酯、酰胺等有较强的酶解能力，同时还具有合成能力；底物专一性不是很强，作用于精氨酸、赖氨酸、甘氨酸、谷氨酸、酪氨酸的羧基端肽键。

③ 最适温度 65℃，90℃不会完全失活；最适 pH 为 6.0~7.0，pH 值低于 4 在高温时迅速失活。在 10~85℃，pH3.0~9.5 范围可用。等电点为 pH8.75。

④ Fe^{2+}、Cu^{2+} 抑制活力，遇氧化剂易失活。

⑤ 深度水解得疏水性氨基酸末端寡肽，味苦。

木瓜蛋白酶的贮藏稳定性好，是家用嫩肉粉的主体成分，在食品工业中可作为肉类嫩化剂、酒类澄清剂、饼干松化剂等。适应高温是木瓜蛋白酶的一大优势，有利于保障酶解过程对原料携带微生物的抑制；对底物中性要求可简化生产工艺。

5.2.2 菠萝蛋白酶

① 由菠萝果实及茎（主要利用其外皮）经压榨、提取、盐析、分离、干燥而制得。

② 无底物专一性；水解肽键和酰胺键；活性中心为巯基。

③ 最适温度 55℃，最适 pH 值 6.0～8.0，等电点为 pH9.35。

④ 温度超过 50℃时明显失活，3mmol/L Ca^{2+} 提高菠萝蛋白酶稳定性效果最好。Fe^{3+}、Fe^{2+}、Cu^{2+} 等使菠萝蛋白酶稳定性下降，其中 Fe^{3+} 的影响最大。

菠萝蛋白酶主要用于啤酒抗寒（冷后浑浊）、肉类嫩化等。

5.2.3 无花果蛋白酶

① 由无花果树的胶乳和五成至七成熟的果实乳汁，用 pH4.0 的水提取后盐析制得。

② 巯基蛋白酶类，有较强的蛋白质水解能力，还具有凝乳、解脂和溶菌活力。

③ 最适温度 65℃，最适 pH5.7，pH 值 4.0～8.5 稳定，等电点为 pH9.0。

④ 稳定性好，常温密闭保存 1～3 年，其效率仅下降 10％～20％。对 pII 的变化和金属离子及去垢剂不敏感。

无花果蛋白酶主要用于啤酒抗寒、肉类嫩化、焙烤时面团调节剂、干酪制造时的乳液凝固剂（代替凝乳酶）等。

5.2.4 胃蛋白酶

① 由猪胃黏膜用稀盐酸提取而得。

② 主要作用于芳香族氨基酸（苯丙氨酸、酪氨酸）与其他氨基酸形成的

肽键。

③ 最适 pH1.8，最适温度 37～40℃，等电点 pH1.0。在 pH5.0～5.5 时最稳定。

胃蛋白酶可用作助消化药，在食品生产中用于鱼粉制造、大豆蛋白水解、干酪制造中凝乳（与凝乳酶合用）等。

5.2.5 胰蛋白酶

① 从猪、牛或羊胰脏中提取制得。

② 主要作用于精氨酸、赖氨酸羧基端的肽键。除具有蛋白酶活性外，还具有胰淀粉酶和胰脂肪酶活性。

③ 最适 pH8.0，最适温度 45℃，等电点 pH10.5。pH7.5～8.5 之间较稳定，pH 低于 6.0 或高于 9.0 失活严重。热稳定性：在 pH7.0～8.0 条件下，40～50℃ 较稳定，超过 55℃ 不稳定，65℃ 以上很快失活。Mn^{2+}、Ca^{2+}、Mg^{2+} 有激活作用，Cu^{2+}、Hg^{2+}、Al^{3+} 有抑制作用。

④ 释放碱性氨基酸末端，风味好。

胰蛋白酶主要用于焙烤食品、肉类嫩化、蛋白质水解等。

5.2.6 胰凝乳蛋白酶（糜蛋白酶）

① 牛或猪的胰腺中提取制得。

② 丝氨酸蛋白酶，主要作用于羧基端为芳香族或疏水性的氨基酸（苯丙氨酸、酪氨酸、色氨酸、苏氨酸）形成的肽键。

③ 最适 pH7.5～8.5，最适温度 50℃，等电点 pH8.3。

胰凝乳蛋白酶主要用于蛋白质水解或蛋白质脱敏的食品。

5.2.7 中性蛋白酶

① 由枯草杆菌或栖土曲霉发酵制得。

② 最适 pH7.5～7.8，最适温度 45～55℃，等电点 pH8～9。

③ 含锌酶，受 EDTA 或磷酸盐抑制。

④ 不稳定，容易自溶，即使在低温冰冻干燥，也会造成分子量明显减小。

⑤ 水解产物的风味好，无异味。

耐热性中性蛋白酶来源于嗜热脂肪芽孢杆菌，最适 pH7.0～8.5，最适温度 65~70℃，在 pH5.5~8.5 下稳定。Ca²⁺ 维持酶的构象，Ca²⁺ 存在时最高温度可达 80℃。

5.2.8　碱性蛋白酶

① 由枯草杆菌发酵制得。

② 最适 pH8.5，最适温度 50~60℃。pH 值低于 6.0 或大于 11.0 时很快失活。

③ 对 EDTA、重金属和巯基试剂不敏感，Ca²⁺ 对酶的稳定有利。

④ 热稳定性较差。

⑤ 在微生物蛋白酶中水解产物的风味最好。

5.2.9　酸性蛋白酶

① 由黑曲霉发酵制得。

② 最适 pH2.5，最适温度 55℃。pH 值 3.0~6.0，温度 30~55℃范围内稳定。

5.2.10　凝乳酶

① 从小牛、小山羊的皱胃中提取。凝乳酶 A 由大肠杆菌 K-12 发酵制得，凝乳酶 B 由黑曲霉变种、乳酸克鲁维酵母发酵制得，基因来源于小牛凝乳酶。

② 最适 pH5.8，最适温度 37~43℃。等电点 pH4.5。凝乳酶 A 最适 pH4.2，凝乳酶 B 最适 pH3.8。

③ 特异性水解 κ-酪蛋白 Phe105-Met106 之间肽键，形成 2 个肽链，破坏酪蛋白胶束稳定而沉淀。

5.2.11　天门冬酰胺酶

① 由转基因米曲霉、黑曲霉发酵制得。

② 最适 pH8.5，最适温度 37℃。

③ 对热稳定，50℃、15min 活力下降 30%，水溶液 20℃可贮存 5d。

④ 水解天门冬酰胺为天门冬氨酸，减少焙烤食品等在高温下产生丙烯酰胺，在谷物原料食品加工时添加。

5.2.12 谷氨酰胺酶

① 由解淀粉芽孢杆菌等发酵制得。

② 最适 pH6.5，最适温度 37℃。

③ 耐盐，20％氯化钠中活力保持 70％。

④ 水解谷氨酰胺生成谷氨酸，在豆酱等食品生产时具有提鲜作用。

5.2.13 谷氨酰胺转氨酶

① 由动物肝脏提取或由放线菌等发酵制得。

② 最适 pH6～7，最适温度 50℃。在 45～55℃ 范围内有较高的活性。特别是在蛋白质食品体系中，该酶的热稳定性会显著提高。

③ 可催化蛋白质多肽分子内和分子间发生共价交联，在各种蛋白质分子之间或蛋白质分子内形成 ε-(γ-谷氨酰) 赖氨酸键，从而改善蛋白质的结构和功能，例如，发泡性、乳化性、乳化稳定性、热稳定性、保水性和凝胶能力等改善效果显著，进而改善食品的风味、口感、质地和外观等。

5.2.14 复合风味蛋白酶

复合风味蛋白酶虽然未列入 GB 2760 的酶制剂名单，但市场上早有应用。该酶由米曲霉发酵获得，具有内切酶和外切酶活性。最适 pH 范围是 5.0～7.0，最适温度约为 50℃。含有氨肽酶、羧肽酶，通过末端水解多肽，提高水解度，最高可达 75％。可应用于各种动植物蛋白的水解，后期优化风味、去除苦味、改善口感，可以制取风味良好的动植物水解产品。

5.2.15 氨基肽酶

① 由米曲霉、产气单胞菌或干酪乳杆菌等发酵制得。

② 活力测定条件是 pH8.5、25℃。米曲霉产氨基肽酶最适反应温度 50℃，最适 pH7.5。

③ 从肽链的氨基末端逐一水解释放氨基酸的外切酶，可配合内切蛋白酶作用，减少或降解蛋白酶解液中苦味肽，去除苦味，提高蛋白质水解度。

5.3 淀粉和其他糖水解酶类

5.3.1 α-淀粉酶

① 高温 α-淀粉酶由地衣芽孢杆菌发酵生产，最适温度 90～95℃，最适 pH6.0～6.5，对钙离子浓度要求不高。

② 中温 α-淀粉酶由解淀粉芽孢杆菌或枯草芽孢杆菌发酵生产，最适温度 60～70℃，最适 pH6.0～6.4，pH5 以下迅速失活。钙离子浓度要求 150～250mg/L。

③ 真菌 α-淀粉酶的最适作用温度为 55℃左右，超过 60℃开始失活，最适 pH4.0～6.0。

④ α-淀粉酶能水解淀粉分子中的 α-1,4-葡萄糖苷键，使淀粉糊的黏度迅速下降，起"液化"作用，故又名液化型淀粉酶、液化酶，分解产物为麦芽糖、葡萄糖和糊精，不能分解支链淀粉的 α-1,6-糖苷键。

⑤ 高温 α-淀粉酶应用于酒精、味精等用淀粉制备葡萄糖的生产环节。高浓度淀粉乳在加热糊化过程中将极大增稠，若无高温 α-淀粉酶，将产生结焦等现象，高温 α-淀粉酶能及时液化淀粉乳，降低其黏度而防止结焦。中温 α-淀粉酶用于啤酒生产，可实现无麦芽糖化，增加辅料比例。真菌 α-淀粉酶用于焙烤食品等，改善发酵面团的结构和体积，烘烤时使淀粉酶失活。

5.3.2 β-淀粉酶

① 由大麦芽提取或多黏芽孢杆菌发酵制得。在大豆等高等植物中含有 β-淀粉酶。

② 植物 β-淀粉酶的最适 pH5.0～6.0，在 pH5.0～8.0 范围内稳定，最适反应温度 50～60℃；细菌 β-淀粉酶的最适 pH6.0～7.0，最适反应温度约为 50℃。

③ β-淀粉酶是一种外切酶，从淀粉非还原性末端水解 α-1,4-糖苷键生成麦芽糖，不能水解 α-1,6-糖苷键。

④ 用于啤酒麦汁糖化和制造麦芽糖。

5.3.3 葡萄糖淀粉酶

① 由黑曲霉、米根霉和米曲霉等发酵制得。

② 由黑曲霉制得的最适 pH4.0～4.5，最适温度 60℃。由米根霉制得的最适 pH4.5～5.0，最适温度 55℃。60℃、30min 以上活力损失显著，80℃以上活力全部消失。

③ 葡萄糖淀粉酶是一种外切酶，从淀粉非还原性末端水解 α-1,4-糖苷键生成葡萄糖，也能水解 α-1,6-糖苷键，但水解速度仅为水解 α-1,4-糖苷键的 10%。理论上能彻底水解淀粉，因此，葡萄糖淀粉酶又称糖化酶、γ-淀粉酶。

④ 广泛用于淀粉糖、发酵酒、蒸馏酒的生产。

5.3.4 普鲁兰酶

① 普鲁兰糖是一种微生物多糖，以麦芽三糖（α-1,4-糖苷键连接）为单位，经 α-1,6-糖苷键聚合而成的直链状多糖，具有良好的成膜性、阻气性。

② 由酸性普鲁兰芽孢杆菌、产气克雷伯氏菌发酵制得。

③ 由酸性普鲁兰芽孢杆菌制得的最适 pH4.0～5.5，最适温度 50～65℃。由产气克雷伯氏菌制得的最适 pH5.0，最适温度 50～60℃。

④ 普鲁兰酶能专一性水解 α-1,6-糖苷键。

⑤ 与糖化酶协同作用可制造高葡萄糖浆；与 β-淀粉酶配合，可制造 80% 以上的超高麦芽糖浆；能降低麦汁中极限糊精的含量，增加可发酵性糖的含量，制造干爽啤酒。

5.3.5 纤维素酶

① 由黑曲霉、李氏木霉、绿色木霉发酵制得。

② 由李氏木霉制得的最适 pH4.0～5.5，最适温度 50℃。

③ 纤维素酶是一组酶的总称，由 β-1,4-葡聚糖内切酶（Cx）、β-1,4-葡聚糖外切酶（C1）、β-葡萄糖苷酶（CB）组成。Cx 作用于无定形纤维素（对纤维素晶体结构无效），水解产生纤维糊精、纤维寡糖；C1 降解纤维素的结晶区，将纤维素链剥离，水解产生纤维二糖；CB 水解纤维二糖、纤维三糖，产生 β-葡萄糖。

④ 天然来源的纤维素酶活力都不高，水解效率与淀粉酶不可同日而语。

5.3.6　半纤维素酶

① 纤维素与半纤维素共同存在于大多数植物细胞壁中。半纤维素是除纤维素和果胶物质以外，能溶于碱的植物细胞壁多糖的总称。半纤维素是杂多糖聚合物，主要糖基有 D-木糖、D-甘露糖、D-葡萄糖、D-半乳糖、L-阿拉伯糖、4-氧甲基-D-葡萄糖醛酸及少量 L-鼠李糖、L-岩藻糖等。

② 半纤维素酶是一组酶的总称，主要包含木聚糖酶、葡聚糖酶、甘露聚糖酶等。半纤维素经半纤维素酶的复合酶解，产生小分子多糖或者单糖。

③ 半纤维素酶由黑曲霉、枯草杆菌、青霉菌、米曲霉等发酵制得。

④ 由三种黑曲霉所制得的半纤维素酶，最适 pH 分别为 3.0、5.0 和 5.5。在 30℃下维持 24h，活性仍为 100% 的 pH 范围分别为 3.5～10.0、2.5～6.0、4.0～7.0；在 pH5.6 下维持 15min，活性仍为 100% 的温度分别为 50℃、60℃、70℃。

⑤ 半纤维素酶、纤维素酶、果胶酶一般复合使用，在果蔬加工中可提高果蔬汁的出汁率，并使果蔬汁澄清；半纤维素酶用于处理咖啡豆，可提高咖啡的溶出率；半纤维素酶添加于小麦粉中，可促进面团发酵，增大面团体积。

5.3.7　木聚糖酶

① 木聚糖是植物细胞中半纤维素的主要成分，占植物细胞干重的 35%。

② 由棉状嗜热丝孢菌、毕赤酵母、黑曲霉、李氏木霉等发酵制得。

③ 李氏木霉所产木聚糖酶，最适 pH5.0～6.0，在 pH4.0～7.0 范围内稳定；最适反应温度 50℃，40～60℃范围稳定。转基因毕赤酵母所产木聚糖酶，最适 pH5.3，pH3.5～6.5 范围内稳定；最适反应温度 55℃，45～60℃范围稳定。

④ 木聚糖酶是一组降解木聚糖的酶，主要是由 β-1,4-D-木聚糖酶和 β-1,4-D-木糖苷酶组成，此外还有一些脱支链酶。β-1,4-D-木聚糖酶内切木聚糖，使其主链骨架降解；β-1,4-D-木糖苷酶外切木寡糖，使其彻底降解为木糖。

⑤ 木聚糖酶用于焙烤食品，可提高面筋网络的弹性，增强面团稳定性，改善面包风味。用于白酒和酒精生产中，可降低料液黏度，促进原料发酵、利

用。用于果蔬汁加工，提高出汁率、澄清度和稳定性。

5.3.8 β-葡聚糖酶

① β-葡聚糖是在酵母、青稞、大麦等多种生物体中含有的多糖，有高黏性。

② 由青霉、木霉、黑曲霉等发酵制得。

③ 由细菌产 β-葡聚糖酶，最适 pH6.0～6.5。由霉菌产 β-葡聚糖酶，最适 pH4.0～4.5，pH6.0～9.0 范围内稳定。最适温度 40℃。有钙离子存在时极为稳定，且耐热性有所增加。甘油有助于防止活性下降。

④ β-葡聚糖酶是一组降解 β-葡聚糖的酶，不同的酶表达不同的水解活力，包括内、外切 β-1,3-葡聚糖酶，内、外切 β-1,4-葡聚糖酶。

⑤ 在啤酒生产中添加 β-葡聚糖酶，可提高麦汁得汁率和澄清度，提高麦糟过滤速度。在制糖工业中添加 β-葡聚糖酶，可降低甘蔗汁黏度，以提高甘蔗汁加热速度、缩短澄清和结晶时间。

5.3.9 果胶酶

① 天然果胶以原果胶、果胶、果胶酸的形态，与纤维素一起存在于植物细胞壁，构成相邻细胞中间层黏结物，使植物组织细胞紧紧黏结在一起。原果胶是半乳糖醛酸完全甲酯的多糖，不溶于水，是生柿子刚硬的原因。果胶是半乳糖醛酸部分甲酯的多糖，是优质的食品增稠剂，柔韧有弹性，是熟柿子黏弹的原因。果胶酸是完全的半乳糖醛酸，没有甲酯化，黏度很低，烂柿子不黏弹是因为形成了果胶酸。

② 由镰刀霉菌属、曲霉或黑曲霉等发酵制得。

③ 最适温度 45～50℃，作用温度范围 10～60℃，最适 pH3.5～4.0。

④ 果胶酶是催化果胶中的甲酯水解，以及将多聚半乳糖醛酸分解成较小分子多聚物的酶的总称，包括果胶甲酯酶、果胶裂解酶、聚半乳糖醛酸酶。果胶甲酯酶对果胶质起解酯作用，形成果胶酸而降低黏度；果胶裂解酶水解果胶主链，形成小分子而降低黏度；聚半乳糖醛酸酶使半乳糖醛基水解为还原糖，不具有果胶结构而降低黏度。

⑤ 果胶酶用于果蔬汁生产，可降低料液黏度，利于压榨过滤，提高出汁率，并使果蔬汁澄清、稳定。在红葡萄酒生产中添加果胶酶，可提高色泽，有

利于酒的老熟，增加酒香。

5.3.10 菊糖酶

① 菊糖是存在于菊芋、菊苣、婆罗门参、大丽花、雪莲果块茎等植物体内的天然 $2,1-\beta$-D-果聚糖，不能被人体消化，具有膳食纤维功能。

② 由曲霉、青霉、木霉等发酵制得。

③ 最适温度 55～58℃，最适 pH5.0。

④ 外切型菊糖酶从菊糖末端逐一切下单个果糖，内切型菊糖酶随机切断果聚糖的糖苷键。

⑤ 可以菊粉为原料，使用菊糖酶生产超高果葡糖浆或生产低聚果糖。

5.4 单、双糖酶类

5.4.1 葡萄糖氧化酶

① 由黑曲霉变种、青霉菌等发酵制得。

② 最适 pH6.7，最适温度 30℃。在低温下稳定，0℃下至少可保存 2 年，在 -15℃ 条件下可保存 8 年。在没有葡萄糖等保护剂存在，pH 大于 8 或小于 3 时迅速失活。

③ 葡萄糖氧化酶是一种需氧脱氢酶，能催化下述反应的发生，可以除去食品和容器中的氧，从而有效地防止食物变质。

$$D\text{-}葡萄糖 + O_2 \longrightarrow D\text{-}葡萄糖酸 + H_2O_2$$

所生成的 H_2O_2 有氧化剂作用，能将面筋中的巯基氧化为二硫键，从而增强面筋的强度，提高面团延展性，增大面包体积。

④ 主要用于从蛋液中除去葡萄糖，可以避免美拉德反应的发生；用葡萄糖氧化酶从密封系统中除去氧气可抑制脂肪氧化和天然色素的氧化降解，如柑橘类饮料及啤酒等的脱氧，防止褐变；用于全脂奶粉、谷物、可可、咖啡、虾类、肉类食品，可防止由葡萄糖引起的褐变。

5.4.2 葡萄糖异构酶

① 由凝结芽孢杆菌、橄榄色链霉菌、密苏里放线菌等发酵制得。

② 最适 pH7.0～7.5，适用 pH 范围 6.0～8.0；最适温度 60℃，适用温

度范围 30～75℃。需 Mg^{2+} 和 Co^{2+} 才表现活力，Mg^{2+} 是酶活力所必需，Co^{2+} 是酶热稳定所必需。

③ 葡萄糖异构酶催化 D-木糖、D-葡萄糖和 D-核糖等醛糖可逆地转化为相应的酮糖，主要用于以淀粉、葡萄糖为原料生产高果糖浆和果糖。

5.4.3　转葡萄糖苷酶

① 由黑曲霉等发酵制得。

② 最适 pH5.0～5.5，最适温度 60℃。

③ 具有水解和转糖苷双重作用，能切开麦芽糖、麦芽三糖或麦芽低聚糖分子结构中的 α-1,4-糖苷键，并能将游离出来的葡萄糖以 α-1,6-糖苷键连接到分子中，形成异麦芽糖、异麦芽三糖、异麦芽四糖等，生产低聚异麦芽糖。

5.4.4　乳糖酶（β-半乳糖苷酶）

① 由乳酸克鲁维酵母等发酵制得。

② 最适 pH6.5，适用 pH 范围 6.0～8.0，最适温度 40℃。

③ 乳糖酶催化水解乳糖的 β-1,4-糖苷键，生成 α-D-半乳糖和 α-D-葡萄糖。在乳品工业中可防止因乳糖酶缺乏而导致的乳糖不耐症，以及使冰淇淋、浓缩乳、淡炼乳中乳糖结晶析出的可能性降低，同时增加甜度。

5.4.5　α-半乳糖苷酶

① 由黑曲霉等发酵制得。

② 最适 pH4.5～5.0，最适温度 50～60℃。

③ α-半乳糖苷酶对 α-D-半乳糖苷类寡糖有良好的降解作用，能分解棉籽糖和水苏糖中的 α-1,6-糖苷键，提高豆类食品的营养。

5.4.6　转化酶（蔗糖酶）

① 由酿酒酵母或卡尔伯斯酵母等发酵制得。

② 最适 pH4.2～4.5，最适温度 60℃。

③ 转化酶使蔗糖水解为葡萄糖和果糖，得到比蔗糖的溶解度更高、不易有糖结晶析出的高浓度糖液，用于冰淇淋、液体巧克力、蜜饯、各种糖果、果酱等。亦用于生产人造蜂蜜，防止高浓度糖浆中蔗糖的析出。

5.5 脂酶类

5.5.1 脂肪酶

① 由解脂假丝酵母、黑曲霉变种菌等发酵制得，或从小牛、小山羊、羊羔的第一胃可食组织或胰腺组织用水抽提而得。

② 由解脂假丝酵母制得的脂肪酶，最适 pH7.0，有效作用 pH 范围 6.0～8.0；最适作用温度 55℃，有效作用温度范围 36～65℃。

③ 脂肪酶的基本作用是水解甘油三酯为甘油和脂肪酸，一般水解甘油三酯 1、3 位的速度快，2 位的速度较慢。脂肪酶主要用于干酪制造、脂类改性、脂类水解。利用脂肪酶作用后释放出的短链脂肪酸，增加和改进食品的风味和香味，使牛奶、巧克力和奶油蛋糕产生特殊风味，如阿氏假囊酵母和无根根霉脂肪酶处理黄油，增加黄油的奶香味。脂肪酶加入蛋白质中可以分解其中可能混入的脂肪，从而提高其发泡能力。脂肪酶用于肉、鱼制品，可去除脂肪，改善风味。

5.5.2 酯酶

① 由米黑毛霉、米氏毛霉、黑曲霉、李氏木霉等发酵制得。

② 由米黑毛霉制得的酯酶，最适 pH8.0，最适反应温度 55℃。

③ 酯酶是能够催化水解羧酸酯的所有酶的总称，将各种酯类分解成酸和醇。酯酶主要用于食品风味的改善，如增强发酵肉制品、干酪的风味，促进葡萄酒、果汁、啤酒和清酒中风味酯的合成与转化。

5.5.3 磷脂酶

① 从动物胰腺提取或由米曲霉、黑曲霉、担子菌、放线菌等发酵制得。

② 磷脂酶是一组能水解甘油磷脂的酶，根据水解位点的不同（如图 5-1 所示），可分为磷脂酶 A、磷脂酶 B、磷脂酶 C 和磷脂酶 D。磷脂酶 A 分别水解甘油 sn1、sn2 位点，释放脂肪酸。磷脂酶 A_1 产物为溶血磷脂 2 及游离脂肪酸，磷脂酶 A_2 产物为溶血磷脂 1 及游离脂肪酸。磷脂酶 B 作用于溶血磷脂 1、2 位酯键，既有水解作用又有转酰基作用。磷脂酶 C 水解甘油 sn3 位点，生成二酰甘油和磷酸胆碱或其他磷酸碱基。磷脂酶 D 水解磷酸和碱基间酯键，生

成磷脂酸和碱基。

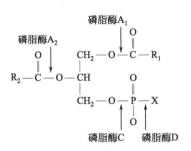

图 5-1　不同磷脂酶作用的位点

③ 磷脂酶可用于植物油酶法脱胶，产品含磷低、口感好、贮藏稳定；可用于磷脂改性，能有效增加磷脂的乳化性能。

5.6　其他酶类

5.6.1　单宁酶

① 单宁是一类水溶性酚类化合物，在植物界广泛分布，尤其在红葡萄酒中含量较多，呈干涩的口感。

② 由黑曲霉、米曲霉或青霉在单宁酸存在时诱导产生，经发酵制得。

③ 最适 pH5.5～6.0，pH 稳定范围在 3.0～8.0；最适温度 45～50℃，热稳定范围在 60～70℃。

④ 单宁酶又名鞣酸酶，主要作用是使鞣质加水分解成鞣酸、葡萄糖和没食子酸。应用于茶饮料加工可防止茶饮料的冷后浑浊，茶汁浓度得到提高，滋味得到加强。

5.6.2　植酸酶

① 植酸是肌醇六磷酸（环己六醇六磷酸），既可与二价金属离子产生不溶性化合物，也可与蛋白质类结合，影响人体消化吸收，是一种抗营养因子。

② 由黑曲霉发酵制得。

③ 最适 pH2.5～5.5，最适温度 55℃。

④ 植酸酶催化植酸及植酸盐水解为肌醇和磷酸，降低食品中植酸盐含量。

应用于大米粉、小麦粉、玉米粉、燕麦粉、高粱粉等植物食品中，可提高粮食的营养价值。

5.6.3　过氧化氢酶

① 由基因工程改性的黑曲霉发酵制得或由动物肝脏提取。

② 从猪肝提取的过氧化氢酶，最适 pH7.0，最适温度为 37℃。

③ 过氧化氢酶用于除去水产品、瓜果、蔬菜、乳品、饮料、肉制品等各种食品及包装容器在保鲜、漂白、消毒后残留的过氧化氢。

5.6.4　漆酶

① 由牛、猪肝脏提取，或经黑曲霉变种、溶纤维蛋白小球菌等发酵制得。

② 最适 pH4.5～6.5，最适温度 30～65℃。

③ 漆酶是一种含铜的多酚氧化酶，在有氧环境中能够催化酚类生成醌类化合物、羰基化合物和水。用于饮料中可去除酚类化合物，使果汁清亮、稳定；用于葡萄酒中可氧化去除多酚物质，增加葡萄酒的稳定性；用于面团中可促进阿魏酸和阿拉伯木聚糖之间的交联，增加焙烤食品的体积和柔软性。

5.6.5　核酸酶

① 由橘青霉发酵制得。

② 最适 pH5.0，适宜 pH 范围 4.0～7.0，最适温度 60℃。

③ 核酸酶可以水解 RNA 和热变性 DNA 的磷酸二酯键，得到 5′-核苷酸和 5′-脱氧核苷酸。5′-核苷酸具有强烈的增鲜作用。核酸酶应用于食品中具有增鲜和抑制异味的功能。在酵母抽提物等调味食品的生产中具有极其重要的作用。

6

调味类食品添加剂

本章要点

与味觉、嗅觉有关的食品添加剂包括甜味剂、酸度调节剂、增味剂、食品用香料。本章核心内容是这些添加剂的安全性和作用特点。

6.1　食品甜味剂

6.1.1　甜味剂的定义和甜度

甜味剂是以赋予食品甜味为主要目的的食品添加剂。国际生命科学学会对甜味剂的定义包括三个内容：糖、糖替代品、高强度甜味剂。糖类的甜度随聚合度的增高而降低，低聚糖有甜味，多聚糖甜味消失。糖替代品指单糖和双糖经氢化后的糖醇。高强度甜味剂指无热量的非营养甜味剂，包括合成的和天然的高强度甜味剂。

糖为食品原料，糖醇和高强度甜味剂为食品添加剂。甜味剂是使用最广泛的食品添加剂，作用包括赋予食品适宜口感、调节食品风味、掩蔽不良感觉等。甜感强度称为甜度，不能用物理和化学方法来测定，只能凭人们的味觉来判断，所以迄今为止尚无一定的标准来表示甜度的绝对值。蔗糖甜感纯正，甜度适宜，且为非还原糖而较为稳定，所以蔗糖被选择作为标准甜味剂。甜味剂的甜度是与蔗糖比较的相对甜度。

6.1.2　异麦芽酮糖

异麦芽酮糖是唯一作为食品添加剂管理的糖类甜味剂，有双歧因子作用。①ADI值不作特殊规定（JECFA，2006）。②甜度45（蔗糖100）。③在体内有50％被消化为单糖。④耐酸性强，在pH2、100℃条件下不发生分解。⑤不发生美拉德反应。⑥对血糖影响不明显。⑦使用范围：调制乳、风味发酵乳、冷冻饮品（食用冰除外）、果酱、糖果、其他杂粮制品、面包、饮料类（包装饮用水除外）、配制酒。

6.1.3　糖醇

糖醇是广泛采用的甜味剂之一。①糖醇源于天然，苹果、桃、杏、梨中含有山梨糖醇，海藻中含有赤鲜糖醇。②商品糖醇由糖加氢还原制得。③糖醇对微生物不发酵，不易引起龋齿。④糖醇化学性质稳定，多数糖醇不发生美拉德反应。⑤糖醇渗透压高于蔗糖，量多有致泻作用。⑥糖醇在人体中的代谢途径与胰岛素无关，一般不会引起血糖值上升。

6.1.3.1　木糖醇

①ADI值不作特殊规定（JECFA，2006）。②甜度100（同蔗糖）。③热值16.7kJ/g（同蔗糖）。④溶解时吸热，有愉快的凉爽感。⑤不发生美拉德反应。⑥不影响胰岛素。⑦不被变形杆菌发酵，可用于防治龋齿型糖果。⑧使用范围：各类食品（GB 2760表A.3中除外）。

6.1.3.2　山梨糖醇

①ADI值不作特殊规定（JECFA，2006）。②甜度60，甜感愉快，易接受。③热值16.7kJ/g（同葡萄糖）。④能螯合各种金属离子。⑤不易发生美拉德反应。⑥有吸湿性，可用于食品保水，卷烟中作为加香保湿剂。⑦渗透压是蔗糖的1.88倍，有致泻性。⑧不影响胰岛素。⑨使用范围：炼乳、脂肪乳化制品、冷冻饮品（食用冰除外）、腌渍的蔬菜、油炸坚果、巧克力、糖果、生湿面制品、面包、糕点、饼干、冷冻鱼糜制品、调味品、饮料、膨化食品等。

6.1.3.3　麦芽糖醇

①ADI值不作特殊规定（JECFA，2006）。②甜度85～95，甜味柔和可

口。③人体不能消化吸收，不产生热量。④防龋齿，能用于儿童食品。⑤不发生美拉德反应。⑥有显著吸湿性，可用于食品保湿。⑦有抑制体内脂肪蓄积作用。⑧不影响胰岛素。⑨使用范围：调味乳、炼乳、稀奶油、冷冻饮品、腌渍的蔬菜、熟制豆类、加工坚果与籽类、糖果、面包、糕点、饼干、焙烤食品馅料及表面用挂浆、冷冻鱼糜制品、液体复合调味料、饮料、果冻等。

6.1.3.4　赤鲜糖醇

①ADI值不作特殊规定（JECFA，2006）。②甜度65，甜味纯净，味道接近蔗糖，有强清凉感，余味好。③热量低，0.31～0.32kJ/g。④能发生美拉德反应，可用于焙烤食品。⑤吸湿性很小，适用于粉末饮料产品。⑥可以明显掩盖和改善营养强化的不愉快味道，抑制咖啡和红茶的苦涩味道。⑦使用范围：各类食品（GB 2760表A.3中除外）。

6.1.3.5　甘露糖醇

①ADI值不作特殊规定（JECFA，2006）。②甜度55～65，柿饼表面白霜，有爽口的甜味。③热值8.37kJ/g，约为葡萄糖的50%。④吸水性最小的糖醇，可作为糖果、糕点等食品的防黏剂。⑤可遮掩维生素、矿物质及药草气味。⑥使用范围：糖果。

6.1.3.6　乳糖醇

①ADI值不作特殊规定（JECFA，2006）。②甜度30～40，口感凉爽，与薄荷醇相似。③热值8.4kJ/g，约为葡萄糖的50%。④防龋齿。⑤不吸湿。⑥极易溶于水，保湿性能好。⑦不发生美拉德反应。⑧使用范围：各类食品（GB 2760表A.3中除外，表A.3中稀奶油、香辛料类按生产需要适量使用）。

6.1.4　高强度甜味剂

高强度甜味剂的主要优点是：①化学性质稳定，使用范围广；②不参与机体代谢，不提供能量，适合特殊营养消费人群使用；③甜度较高，一般都是蔗糖甜度的50倍以上；④价格低，同等甜度条件下的价格均低于蔗糖；⑤不是口腔微生物的合适作用底物，不会引起牙齿龋变。主要缺点为：甜味不够纯正，有些带有苦味或金属异味。

6.1.4.1　甜菊糖苷

①ADI 值：0～4mg/kg（JECFA，2010）。②天然甜味剂。③甜度约为蔗糖的 200～300 倍。④有类似薄荷醇的苦味及一定程度的涩味。甜感在口中不易消失。⑤已分离纯化出 11 种组分，其中莱鲍迪苷 A 甜度是蔗糖的 450 倍，甜感最接近蔗糖。⑥耐高温，在酸性及碱性溶液中较稳定。⑦使用范围：风味发酵乳、冷冻饮品、蜜饯凉果、熟制坚果与籽类、糖果、糕点、餐桌甜味料、调味品、饮料类（包装饮用水除外）、果冻、膨化食品、茶制品。

6.1.4.2　罗汉果甜苷

①LD$_{50}$值：大于 10g/kg。②天然甜味剂。③甜度约为蔗糖的 240 倍。④甜味滞留时间较长，味感好。⑤对光、热稳定性好，弱酸碱中不变质，甜度在 pH4.5 时最强。⑥耐高温，在酸性及碱性溶液中较稳定。⑦使用范围：各类食品（GB 2760 表 A.3 中除外）。

6.1.4.3　甘草酸铵、甘草酸一钾、甘草酸三钾

①LD$_{50}$值：大于 10g/kg。②天然甜味剂。③甘草酸铵的甜度为蔗糖的 200 倍，甘草酸一钾的甜度是蔗糖的 500 倍，甘草酸三钾的甜度为蔗糖的 150 倍。④甜感刺激慢，留甜时间长，有特殊风味。⑤使用范围：蜜饯凉果、糖果、饼干、肉罐头类、调味品、饮料类（包装饮用水除外）。

6.1.4.4　索马甜

①ADI 值不作特殊规定（JECFA，2006）。②天然甜味剂，由 207 个氨基酸组成的蛋白质。③甜度为蔗糖的 1600 倍。④加热变性或单宁沉淀会失去甜味。⑤使用范围：冷冻饮品（食用冰除外）、加工坚果和籽类、焙烤食品、餐桌甜味料、饮料类（包装饮用水除外）。

6.1.4.5　三氯蔗糖

①ADI 值：0～15mg/kg（JECFA，2006）。②合成甜味剂。③甜度为蔗糖的 600 倍。④甜感正，甜味特征曲线与蔗糖几乎重合。⑤对光、热、酸、碱稳定。⑥使用范围：调制乳、风味发酵乳、调制乳粉和调制奶油粉、冷冻饮品

（食用冰除外）、水果干类、水果罐头、果酱、蜜饯凉果、煮熟的或油炸的水果、腌渍的蔬菜、加工食用菌和藻类、腐乳类、加工坚果和籽类、糖果、杂粮罐头、其他杂粮制品、即食谷物、焙烤食品、餐桌甜味料、醋、酱油、酱及酱制品、香辛料酱、复合调味料、蛋黄酱、沙拉酱、饮料类、配制酒、发酵酒、果冻。

6.1.4.6　天门冬氨酸苯丙氨酸甲酯（阿斯巴甜）

①ADI 值：0～40mg/kg（JECFA，2006）。②合成甜味剂。③甜度为蔗糖的 150～200 倍。④甜感清爽，类似蔗糖。⑤在酸性条件下易分解为氨基酸单体，应标注"含苯丙氨酸"。⑥使用范围：调制乳、风味发酵乳等数十种食品，详见 GB 2760。

6.1.4.7　天门冬酰苯丙氨酸甲酯乙酰磺胺酸（双甜）

①双甜是阿斯巴甜和安赛蜜的共晶产品，安赛蜜 ADI 值：0～15mg/kg（JECFA，2006）。②合成甜味剂。③甜度为蔗糖的 340 倍。④稳定性优于阿斯巴甜。⑤使用范围：风味发酵乳、冷冻饮品（食用冰除外）、水果罐头、果酱、蜜饯类、腌渍的蔬菜、糖果、胶基糖果、杂粮罐头、餐桌甜味料、调味品、酱油、饮料类（包装饮用水除外）。

6.1.4.8　N-［N-（3, 3-二甲基丁基）］-L-α-天门冬氨-L-苯丙氨酸 1-甲酯（纽甜）

① ADI 值：0～2mg/kg（JECFA，2006）。②合成甜味剂。③纽甜是阿斯巴甜的烷基衍生物，甜度为蔗糖的 7000～13000 倍，甜感正。④稳定性优于阿斯巴甜。⑤使用范围：风味发酵乳、冷冻饮品（食用冰除外）等数十种食品，详见 GB 2760。

6.1.4.9　L-α-天冬氨酰-N-（2, 2, 4, 4-四甲基-3-硫化三亚甲基）-D-丙氨酰胺（阿力甜）

① ADI 值：0～1mg/kg（JECFA，2006）。②合成甜味剂。③甜度为蔗糖的 2000 倍，甜感正。④耐热，耐酸碱。⑤不需要标注"含苯丙氨酸"。⑥使用范围：冷冻饮品（食用冰除外）、话化类、胶基糖果、餐桌甜味料、饮料类（包装饮用水除外）、果冻。

6.1.4.10　乙酰磺胺酸钾（安赛蜜）

① ADI 值：0～15mg/kg（JECFA，2006）。②合成甜味剂。③甜度为蔗糖的 200 倍，甜感快，高浓度时略带苦味。④对热、酸碱很稳定。⑤使用范围：风味发酵乳、以乳为主要配料的即食风味食品（仅限乳基甜品罐头）、冷冻饮品（食用冰除外）、水果罐头、果酱、蜜饯类、腌渍的蔬菜、加工食用菌和藻类、熟制坚果和籽类、糖果、胶基糖果、杂粮罐头、黑芝麻糊、谷类甜品罐头、焙烤食品、餐桌甜味料、调味品、酱油、饮料类（包装饮用水除外）、果冻。

6.1.4.11　环己基氨基磺酸钠（甜蜜素）

① ADI 值：0～11mg/kg（JECFA，2006）。②合成甜味剂。③甜度为蔗糖的 40 倍，甜感好。④对热、光、空气、酸、碱很稳定。⑤使用范围：冷冻饮品（食用冰除外）、水果罐头、果酱、蜜饯凉果、凉果类、话化类、果糕类、腌渍的蔬菜、熟制豆类、腐乳类、带壳熟制坚果与籽类、脱壳熟制坚果与籽类、面包、糕点、饼干、复合调味料、饮料类（包装饮用水除外）、配制酒、果冻。

6.1.4.12　糖精钠

① ADI 值：0～5mg/kg（JECFA，2006）。②合成甜味剂。③甜度为蔗糖的 500 倍，微带苦味。④对热、酸、碱稳定。⑤使用范围：冷冻饮品（食用冰除外）、水果干类（仅限芒果干、无花果干）、果酱、蜜饯凉果、凉果类、话化类、果糕类、腌渍的蔬菜、新型豆制品（大豆蛋白及其膨化食品、大豆素肉等）、熟制豆类、带壳熟制坚果与籽类、脱壳熟制坚果与籽类、复合调味料、配制酒。

6.2　食品酸度调节剂

酸度调节剂是用以维持或改变食品酸碱度的食品添加剂，包括酸味剂、碱性剂和盐类物质。在酸感方面，无机酸比较尖利，有机酸比较柔和。羟基能使有机酸的酸味较柔和、圆滑而无刺激性，羟基数目多的有机酸呈现的酸味较丰富。酸味的强弱通常以柠檬酸为标准（相对酸度 100）。

6.2.1 柠檬酸

①ADI 值不作限制性规定（JECFA，2006）。②柠檬、柚子、柑橘等水果的酸味，酸感纯正。③入口起酸快，后味延续短。④有螯合离子作用，为抗氧化剂、增效剂、护色剂。⑤使用范围：各类食品（GB 2760 表 A.3 中除外，表 A.3 中婴幼儿食品、浓缩果蔬汁按生产需要适量使用）。

6.2.2 苹果酸

①ADI 值不作限制性规定（JECFA，2006）。②L-苹果酸口感接近天然苹果的酸味，DL-苹果酸略有苦涩味。③酸味较柠檬酸强 20％左右。④酸感柔和，刺激和缓，后味持久。⑤使用范围：各类食品（GB 2760 表 A.3 中除外）。

6.2.3 酒石酸

①ADI：0～30mg/kg（JECFA，2006）。②L-酒石酸、dl-酒石酸在光学异构上有差别，在应用上无差别。③酸味较柠檬酸强 20％～30％。④呈葡萄的酸感，爽口而强烈，稍有涩味，后味延续短。⑤可作为抗氧化剂增效剂、复合膨松剂。⑥使用范围：面糊、裹粉、煎炸粉、油炸面制品、固体复合调味料、多种饮料类、葡萄酒。

6.2.4 偏酒石酸

①ADI 值不作限制性规定（EEC，1990）。②酸味爽口。③能与钾离子、钙离子形成可溶性络合物，防止酒石酸盐生成酒石沉淀析出。④使用范围：水果罐头。

6.2.5 富马酸

①ADI 值不作限制性规定（JECFA，2006）。②有特殊强酸味，酸味较柠檬酸强 50％左右。③微溶于水，一般不单独使用，与柠檬酸、酒石酸复配使用能呈现果实酸味。④有很强的缓冲性能。⑤使用范围：胶基糖果、生湿面制品、面包、糕点、饼干、焙烤食品馅料及表面用挂浆、其他焙烤食品、果蔬汁

（浆）饮料、碳酸饮料。

6.2.6 己二酸

①ADI：0～5mg/kg（JECFA，2006）。②有骨头烧焦的气味，在自然界存在于甜萝卜中，酸味弱，柔和，持久。③微溶于水（15℃，1.44g/100mL），在100mL沸水中可溶160g。④有很强的缓冲性能，能保持pH值在2.5～3.0范围内，可有效防止大多数水果褐变。⑤使用范围：胶基糖果、固体饮料类、果冻。

6.2.7 乳酸

①ADI值不作限制性规定（JECFA，2006）。②有特殊酸味，为发酵乳品和发酵蔬菜的特征酸。③有较强的杀菌作用，能通过加热蒸发做空间杀菌。④使用范围：各类食品（GB 2760表A.3中除外，表A.3中婴幼儿食品、稀奶油按生产需要适量使用）。

6.2.8 冰乙酸

①ADI值不作限制性规定（JECFA，2006）。②有特殊刺激性酸味，为食醋的特征酸。③有腐蚀性，对皮肤有灼烧作用；有较强的杀菌作用。④使用范围：各类食品（GB 2760表A.3中除外）。

6.2.9 盐酸

①ADI值不作限制性规定（JECFA，2006）。②有强烈刺激性气味。③有强腐蚀性。④使用范围：蛋黄酱、沙拉酱。

6.2.10 磷酸和磷酸盐类

①ADI值：0～70mg/kg（JECFA，2006）。②酸味为柠檬酸的2.3～2.5倍。有收敛性，是可乐型饮料的风味促进剂。③有络合剂、抗氧化剂增效剂作用，在果酱中使用少量磷酸，能控制果酱形成最大胶凝体的pH值。④使用范围（磷酸和磷酸盐类的第一功能是水分保持剂）：再制干酪、蔬菜罐头、可可制品、巧克力和巧克力制品以及糖果、谷类甜品罐头、杂粮罐头、复合调味

料、饮料类（包装饮用水除外）、果冻。

6.2.11 盐类

柠檬酸钠、苹果酸钠、乙酸钠、乳酸钙、富马酸钠等盐类可以和对应的酸形成缓冲，保持食品的酸性稳定，在 GB 2760 中也作为酸度调节剂，使用范围详见 GB 2760。

6.2.12 碱

碳酸钾、碳酸钠、碳酸氢钾、碳酸氢钠、氢氧化钾、氢氧化钙在 GB 2760 中也作为酸度调节剂，使用范围详见 GB 2760。

6.3 食品增味剂

增味剂是补充或增强食品原有风味的物质，也称风味增强剂、鲜味剂。增味剂有氨基酸类、核苷酸类和有机酸类。

6.3.1 谷氨酸钠

①ADI 值不作特殊规定（JECFA，2006）。②具有强烈的肉类鲜味，有缓和咸、酸、苦味的作用。③鲜味与酸碱程度有关，pH3.2 为谷氨酸的等电点，呈鲜能力最低；6<pH<7 时鲜味最高；pH>7 时，鲜味消失。④120℃时开始逐渐失去结晶水，150℃时完全失去结晶水，210℃时发生吡咯烷酮化生成焦谷氨酸，270℃左右时分解。⑤使用范围：各类食品（GB 2760 表 A.3 中除外）。

6.3.2 氨基乙酸（甘氨酸）

①LD_{50}：7930mg/kg（大鼠，经口）。②有特殊甜味，能缓和酸、碱味，能掩盖苦味。③有抑菌作用，2%浓度即能抑制大肠杆菌、金黄色葡萄球菌、枯草芽孢杆菌等多种菌的生长。④使用范围：预制肉制品、熟肉制品、调味品、果蔬汁（浆）饮料、植物蛋白饮料。

6.3.3 L-丙氨酸

①可安全用于食品（FDA，2000）。②有特殊甜味，甜度约为蔗糖的

70%。③能改善人工合成甜味剂的味感，使甜度增效，改善有机酸的酸味。④能缩短腌制品的腌制时间，增加醇类饮料的醇厚味道。⑤使用范围：调味品。

6.3.4　5′-肌苷酸二钠（IMP）

①ADI值不作特殊规定（JECFA，2006）。②有特异动物肉鲜味，天然品存在于鲔鱼、牛肉、猪肉等食品中。③与谷氨酸钠有强烈的复合增鲜效果。④水溶液在pH4～7范围内加热不分解。⑤使用范围：各类食品（GB 2760表A.3中除外）。

6.3.5　5′-鸟苷酸二钠（GMP）

①ADI值不作特殊规定（JECFA，2006）。②有特异菌菇鲜味，天然品存在于蘑菇、猪肉、鸡肉等食品中。③鲜味是5′-肌苷酸二钠的3倍，与谷氨酸钠有强烈的复合增鲜效果。④水溶液在pH2～14范围内稳定，适用于各种条件的食品。⑤使用范围：各类食品（GB 2760表A.3中除外）。

6.3.6　5′-呈味核苷酸二钠（I＋G）

IMP与GMP在生产时一般以1∶1复合物形式存在，而且I＋G复合后集荤素鲜味于一体，形成一种完善的鲜味，鲜味强度高于IMP或GMP单体。5′-呈味核苷酸二钠与谷氨酸钠复配可得到特鲜味精，在鲜味、风味和生产成本各方面有独特的优点。

6.3.7　琥珀酸二钠

①LD_{50}：大鼠经口大于10g/kg。②有特异贝类鲜味，与谷氨酸钠、5′-呈味核苷酸二钠复配使用效果更好。③用量在十万分之一水平，量大有异味。④使用范围：调味品。

6.3.8　辣椒油树脂

①ADI值未作规定（JECFA，2008），LD_{50}：大鼠经口大于5.05g/kg。②辣椒的溶剂提取物，包含多种色素和辣味物质，色素包括辣椒红素、辣椒玉

红素、辣椒素、辣椒醇等。③有强烈辛辣味，并有炙热感。④使用范围：再制干酪、腌渍的蔬菜、腌渍的食用菌和藻类、复合调味料、膨化食品。

动物蛋白水解物（HAP）、植物蛋白水解物（HVP）、酵母抽提物（YE）不属于食品添加剂，是天然风味增强剂，特点是风味自然、丰满。

6.4 食品用香料

食品用香料是能够用于调配食品香精，并使食品增香的物质。

6.4.1 食品用香料的分类

天然或合成的发香物质称香料。食品用香料按来源不同可分为天然香料、天然等同香料和合成香料3大类。

6.4.2 食品用天然香料

天然的香料来自动物的香囊，植物的花、叶、茎、树皮、根、种子、果实、树脂，其香味组成复杂。天然食品中的香味化合物产生的途径主要有四种：

① 生长或存放加工过程中香味前体物质经酶促降解、水解、氧化反应产生的，如水果、蔬菜、茶叶、干香菇的香味。

② 在热加工过程中通过一系列热反应和热降解反应产生的，如各种焙烤食品、蒸煮食品、油炸食品、咖啡、肉制品等的香味。

③ 由发酵产生的，如奶酪、酸奶、葡萄酒、啤酒、白酒、酱油、醋、面包等的香味。

④ 由氧化产生的，如 β-胡萝卜素氧化降解生成的茶叶香味成分茶螺烷、β-紫罗兰酮、β-大马酮以及脂肪氧化产生的香味。

食品用天然香料既有可以直接使用的，也有精油、酊剂等提取制品，主要包括：

① 精油（essential oil），亦称"芳香油"，是天然香料中的一大类。成分多为萜类和烃类及其含氧化合物，十分复杂，多的可达数百种。精油的提取方法最普遍的是用水蒸气蒸馏，亦采用食用级溶剂萃取，包括玫瑰油、树兰花油、白兰花油、依兰油、蜡菊油、熏衣草油、香紫苏油、丁香油、迷迭香

油、丁香罗勒油、甘牛至油、蓝桉油、亚洲薄荷油、留兰香油、香叶油、广藿香油、香茅油、柠檬草油、柠檬油、白柠檬油、香柠檬油、红橘油、甜橙油；压榨法的圆柚油、大蒜油、洋葱油、姜油、八角茴香油、小茴香油等。

② 浸膏（concrete）是指用有机溶剂浸提香料植物组织的可溶性物质，然后除去所用溶剂和水分后得到的固体或半固体膏状制品。一般 1mL 浸膏相当于 2～5g 原料，如白兰花浸膏、金合欢浸膏、紫罗兰浸膏、桂花浸膏、晚香玉浸膏、大花茉莉浸膏、玫瑰浸膏、墨红浸膏、岩蔷薇浸膏、香荚兰豆浸膏等。

③ 浸油（abolute）是指植物浸膏（或香膏、香树脂、精油）用乙醇重新浸提后再除去溶剂而得的高纯度制品。浸油是天然香料中的高级品种，如玫瑰浸油、墨红浸油、小花茉莉浸油等。

④ 香膏（balsam）是指芳香植物所渗出的带有香成分的树脂样分泌物。如土鲁香膏、苏合香香膏、秘鲁香膏等。

⑤ 香树脂（resincid）是指用有机溶剂浸提香料植物所渗出的带有香成分的树脂样分泌物，然后除去所用溶剂和水分后得到的制品。

⑥ 酊剂（tincture）是指用一定浓度的乙醇，在室温下浸提天然动物的分泌物或植物的果实、种子、根茎等并经澄清过滤所得的制品。一般 10mL 酊剂相当于 20g 原料，包括枣子酊剂、香荚兰酊剂等。

6.4.3　天然等同香料

天然等同香料成分单一，包括从天然原料中分离出来的单离香料以及化学方法合成的香料（结构等同单离香料）。

6.4.4　食品用合成香料

① 烃类香料：包括 α-二甲基苯乙烯、1-甲基萘、4-甲基联苯、莰烯、D-柠檬烯、月桂烯、罗勒烯、α-水芹烯、α-蒎烯、β-蒎烯、γ-松油烯、异松油烯、β-石竹烯、α-金合欢烯等。

② 醇类香料：包括丁醇、异丁醇、戊醇、异戊醇、1-戊烯-3-醇、己醇、反-2-己烯醇、顺-3-己烯醇、顺-4-己烯醇、3,5,5′-三甲基己醇、庚醇、辛醇、3-辛醇、1-辛烯-3-醇、壬醇、2-壬醇、反-2-壬烯醇、顺-6-壬烯醇、2，6-壬二

烯醇、癸醇、桃金娘烯醇、龙脑、二氢香芹醇、香叶醇、异胡薄荷醇、芳樟醇、橙花醇、α-松油醇、4-松油烯醇、香茅醇、薄荷醇、玫瑰醇、四氢香叶醇、四氢芳樟醇、α-紫罗兰醇、β-紫罗兰醇、檀香醇、金合欢醇等。

③ 酚类香料：包括 p-甲基苯酚、4-乙基苯酚、2,5-二甲基苯酚、香芹酚、百里香酚、间苯二酚、愈创木酚、2-甲氧基-4-甲基苯酚、4-乙基愈创木酚、丁香酚、异丁香酚、6-乙氧基-3-丙烯基苯酚、2,6-二甲氧基苯酚、麦芽酚、乙基麦芽酚等。

④ 醚类香料：包括茴香醚、邻甲基茴香醚、对甲基茴香醚、茴香脑、草蒿脑、苄基乙基醚、苄基丁基醚、β-萘乙醚、二苯醚、二苄醚、二糠基醚、1,4-桉叶油素、1,8-桉叶油素、四氢-4-甲基-2-（2-甲基-1-丙烯基）-吡喃、橙花醚、降龙涎香醚、丁香酚甲醚、异丁香酚甲醚、异丁香酚苄醚、乙酰基茴香醚等。

⑤ 醛类香料：包括乙醛、正丁醛、2-甲基丁醛、3-甲基丁醛、2-甲基-2-丁烯醛、2-乙基丁醛、2-苯基-2-丁烯醛、正戊醛、反-2-戊烯醛、2,4-戊二烯醛、2-甲基戊醛、2-甲基-2-戊烯醛、4-甲基-2-苯基-2-戊烯醛、己醛、反-2-己烯醛、5-甲基-2-苯基-2-己烯醛、庚醛、月桂醛、肉豆蔻醛、桃金娘烯醛、紫苏醛、藏花醛、柠檬醛、香茅醛、羟基香茅醛、香茅氧基乙醛、枯茗醛、苯乙醛、对甲基苯乙醛、苯丙醛、水杨醛、大茴香醛、香兰素、乙基香兰素等。

⑥ 酮类香料：包括 2-丁酮、1-羟基-2-丁酮、3-羟基-2-丁酮、2,3-丁二酮、2-戊酮、1-戊烯-3-酮、3-戊烯-2-酮、4-甲基-2-戊酮、2,3-戊二酮、2,3-己二酮、3,4-己二酮、5-甲基-2,3-己二酮、2-庚酮、3-庚酮、4-庚酮、3-庚烯-2-酮、6-甲基-5-庚烯-2-酮、6-甲基-3,5-庚二烯-2-酮、3-苄基-4-庚酮、2-壬酮、3-癸烯-2-酮、2-十一烷酮、香芹酮、樟脑、二氢香芹酮、2-仲丁基环己酮、薄荷酮、覆盆子酮、胡椒基丙酮、姜酮、二苯甲酮、顺式茉莉酮、异茉莉酮、二氢茉莉酮等。

⑦ 缩羰基化合物：包括乙缩醛、庚醛二甲醇缩醛、4-庚烯醛二乙醇缩醛、柠檬醛二甲醇缩醛、柠檬醛二乙醇缩醛、苯甲醛二甲缩醛、苯甲醛丙二醇缩醛、苯乙醛二甲醇缩醛、苯乙醛二异丁醇缩醛、龙葵醛二甲缩醛、肉桂醛乙二缩醛、丙酮丙二醇缩酮等。

⑧ 酸类香料：包括甲酸、乙酸、丙酸、丁酸、异丁酸、2-甲基丁酸、2-乙基丁酸、戊酸、异戊酸、2-甲基-2-戊烯酸、2-甲基戊酸、3-甲基戊酸、己酸、反-2-己烯酸、3-己烯酸、2-甲基己酸、庚酸、2-甲基庚酸、辛酸、壬酸、癸

酸、十一酸、月桂酸、十四酸、苯甲酸、苯乙酸、肉桂酸、香兰酸、苹果酸、柠檬酸、环己烷基乙酸、乳酸、乙酰基丙酸等。

⑨ 酯类香料：包括甲酸酯类香料、乙酸酯类香料、丙酸酯类香料、丁酸酯类香料、异丁酸酯类香料、2-甲基丁酸酯类香料、戊酸酯类香料、异戊酸酯类香料、3-己烯酸酯类香料、庚酸酯类香料、辛酸酯类香料、壬酸酯类香料、月桂酸酯类香料、糠酸酯类香料、苯甲酸酯类香料、苯乙酸酯类香料、肉桂酸酯类香料、水杨酸酯类香料、邻氨基苯甲酸酯类香料、茴香酸酯类香料、乳酸酯类香料等。

⑩ 内酯类香料：包括 γ-丁内酯、γ-戊内酯、γ-己内酯、γ-庚内酯、γ-辛内酯、δ-辛内酯、γ-壬内酯、δ-壬内酯、γ-癸内酯、δ-癸内酯、γ-十一内酯、δ-十一内酯、γ-十二内酯、δ-十二内酯、ω-十五内酯、ω-7-十六烯酸内酯、α-当归内酯、茉莉内酯、香豆素、二氢香豆素、6-甲基香豆素、3-次丁基酞内酯等。

⑪ 含氮香料：包括噻唑类香料、吡嗪类香料、吡咯类香料、吡啶类香料等。

⑫ 含硫香料：包括硫醇类香料、硫醚类香料、二硫醚类香料等。

⑬ 其他香料：包括 2-乙基呋喃、2-戊基呋喃、2-庚基呋喃等。

食品用香料都是经过长期的、严格的毒理实验后才批准允许使用的，在许可使用范围内是绝对安全的。

6.4.5 食用香精

食用香精是由各种食品用香料和许可食用的附加物调和而成的，并使食品增香的食品添加剂。

食用香精的剂型有多种，包括：

① 水质香精的溶剂是 75% 乙醇，其香味清纯，香气轻快飘逸，香精香味强度不高，较易挥发而不耐热。在较高温度下，随着乙醇的蒸发，同时带走了一部分较易挥发的香气成分，影响香味完整，因而这类香精仅适用于非高温加热的食品。

② 油质香精的溶剂是丙二醇，香气比较浓郁、沉着、持久，香味强度较强，较耐热，适用于焙烤制品等需高温加热的产品。以丙二醇作溶剂的油质香精可溶于水，不会受寒而冻凝，也不会产生酸败现象。

③ 乳化香精是水包油型乳化，产品不透明，香味较真实，与水质香精混

用时，乳化层会受到一定影响。

④ 粉末香精是将香料包埋或吸附而成，香料浓度高，运输方便，在水中能迅速分散。微胶囊香精的特点是香味物质可起到很好的保护作用，在与水接触后包膜被溶解后释放出香味。这类香精特别适用于粉状食物加香，如固体饮料粉、果冻粉、营养饮料或药料、药片等。吸附型粉末香精的特点是香味物质被吸附在载体的表面，所以香气比较强烈，香气容易散失，适用于比较不易挥发和氧化的香味物质，如调味的辛香和禽、肉、海味等香型或香草型香精。

香精在食品中的功能包括以下几个方面。

① 辅助作用：产品原有香气不足或在加工中有香气损失，可用同香型香精补充。

② 稳定作用：食品原料所含香气因地区、季节、气候、加工条件不同而波动，需要添加香精使产品质量稳定。

③ 矫味作用：使用香精掩盖某些不受欢迎的气味，突出人们喜欢的香味。

④ 赋香作用：使用香精赋予果味汽水等自身没有香味的产品以特定的香味。

⑤ 替代作用：在模拟食品生产中使用香精以替代天然原料的香味。

7 色泽类食品添加剂

本章要点

　　与色泽有关的食品添加剂包括着色剂、护色剂、漂白剂。本章核心内容是这些添加剂的安全性和作用特点。

7.1 着色剂

7.1.1 着色剂的定义和分类

　　食品着色剂又称食用色素，是以食品着色为目的的一类食品添加剂。食品讲究色、香、味、形。色居首位是因为人们选择判断食品质量的最初依据源于感官色，因此，着色剂是食品添加剂的重要类别。客观上食品色泽可反映食品品质，给人味道的联想，红色代表成熟味浓，黄色代表芳香成熟、口味清爽，橙色兼红、黄两色之成熟、醇美，绿色和蓝色有新鲜、清淡的感觉，棕色有风味独特、质地浓郁的联想。

　　GB 2760 允许使用的食品着色剂有 66 种，包括食品合成着色剂与食品天然着色剂两类。食品天然着色剂主要从动、植物和微生物中提取，具有安全性较高、色调自然的优点，一些品种还具有维生素活性，但成本高、着色力弱、稳定性差、容易变色，也不容易调出任意色调，有些品种还有异味。食品合成着色剂的色泽鲜艳、着色力强、不易褪色、用量较低、性能较稳定、易溶解、易调色、成本低。因此，尽管食品天然着色剂的消费水平在稳步提高，但目前食品合成着色剂依然为着色剂市场的主体。

7.1.2 食品合成着色剂

食品合成着色剂按化学结构可分成偶氮类着色剂和非偶氮类着色剂。油溶性偶氮类着色剂毒性较大，不可作为食品添加剂（如苏丹红）。水溶性偶氮类着色剂较易排出体外，毒性较低，世界各国允许使用。此外，食品添加剂及其分解产物若不被肠道吸收，就不会对人体健康产生影响。研究表明，分子量1000以上的物质因无法吸收而由肠道排出，据此发明了色淀，即水溶性着色剂沉淀在允许使用的不溶性基质上，制备成特殊着色剂，而允许使用的基质多为氧化铝，故称为铝色淀。

7.1.2.1 柠檬黄及其铝色淀

①水溶性偶氮类着色剂。②ADI 0～7.5mg/kg（JECFA，2006），LD_{50} 12.75g/kg（小鼠，经口）。③橙黄色粉末，中性或酸性水溶液呈金黄色，遇碱稍变红，还原时褪色。④耐热、耐光性好，耐氧化性较差。⑤使用范围：风味发酵乳、调制炼乳等数十种，详见 GB 2760。

7.1.2.2 日落黄及其铝色淀

①水溶性偶氮类着色剂。②ADI 0～2.5mg/kg（JECFA，2006），LD_{50} 大于2g/kg（大鼠，经口）。③橙色粉末，水溶液呈黄色，遇碱呈红褐色，还原时褪色。④耐热、耐光性好。⑤使用范围：风味发酵乳、调制炼乳等数十种，详见 GB 2760。

7.1.2.3 苋菜红及其铝色淀

①水溶性偶氮类着色剂。②ADI 0～0.5mg/kg（JECFA，2006），LD_{50} 大于10g/kg（小鼠，经口）。③红褐色粉末，水溶液呈带蓝光的红色，遇碱呈暗红色。④耐热、耐光、耐氧化性好。⑤使用范围：冷冻饮品（食用冰除外）、果酱、蜜饯凉果、装饰性果蔬、腌渍的蔬菜、可可制品、巧克力和巧克力制品以及糖果、糕点上彩装、焙烤食品馅料及表面用挂浆、水果调味糖浆、固体汤料、果蔬汁（浆）类饮料、碳酸饮料、果味饮料、固体饮料、配制酒、果冻。

7.1.2.4　胭脂红及其铝色淀

①水溶性偶氮类着色剂。②ADI 0～4mg/kg（JECFA，2006），LD_{50}大于 19.3g/kg（小鼠，经口）。③红色至深红色粉末，水溶液呈红色，遇碱呈褐色。④耐热、耐光性好。⑤使用范围：冷冻饮品（食用冰除外）、果酱等数十种，详见 GB 2760。

7.1.2.5　新红及其铝色淀

①水溶性偶氮类着色剂。②ADI 0～0.1mg/kg（上海市卫生防疫站，1982），LD_{50}大于 10g/kg（小鼠，经口）。③红色粉末，水溶液呈艳红色。④遇铁、铜易变色，对氧化还原较为敏感。⑤使用范围：凉果类、装饰性果蔬、可可制品、巧克力和巧克力制品以及糖果、糕点上彩装、果蔬汁（浆）饮料、碳酸饮料、配制酒。

7.1.2.6　赤藓红及其铝色淀

①水溶性非偶氮类着色剂。②ADI 0～0.1mg/kg（JECFA，2006），LD_{50} 6.8g/kg（小鼠，经口）。③红色至红褐色粉末，水溶液呈樱桃红色。④耐热、耐还原性好，耐光、耐酸性差。⑤使用范围：凉果类、装饰性果蔬、油炸坚果与籽类、可可制品、巧克力和巧克力制品以及糖果、糕点上彩装、肉灌肠类、肉罐头类、酱及酱制品、复合调味料、果蔬汁（浆）饮料、碳酸饮料、果味饮料、配制酒、膨化食品。

7.1.2.7　诱惑红及其铝色淀

①水溶性偶氮类着色剂。②ADI 0～7mg/kg（JECFA，2006），LD_{50} 10g/kg（小鼠，经口）。③深红色粉末，水溶液呈微带黄色的红色。④耐光、耐热性好，耐碱、耐氧化还原性差。⑤使用范围：冷冻饮品、水果干类（仅限苹果干）、装饰性果蔬、熟制豆类、加工坚果与籽类、可可制品、巧克力和巧克力制品以及糖果、粉圆、即食谷物、糕点上彩装、焙烤食品馅料及表面用挂浆（仅限饼干夹心）、西式火腿类、肉灌肠类、肉制品的可食用动物肠衣类、调味糖浆、固体复合调味料、半固体复合调味料、饮料类（包装饮用水除外）、配制酒、果冻、胶原蛋白肠衣、膨化食品。

7.1.2.8　酸性红

①水溶性偶氮类着色剂。②ADI 0～4mg/kg（FAO/WHO，1994），LD$_{50}$大于10g/kg（小鼠，经口）。③红色粉末，水溶液呈带蓝光的红色，发浅黄色荧光。④耐热、耐光、耐碱、耐氧化、耐还原性好。⑤使用范围：冷冻饮品、可可制品、巧克力和巧克力制品以及糖果、焙烤食品馅料及表面用挂浆（仅限饼干夹心）。

7.1.2.9　亮蓝及其铝色淀

①水溶性非偶氮类着色剂。② ADI 0～12.5mg/kg（JECFA，2006），LD$_{50}$大于2g/kg（大鼠，经口）。③深紫色粉末，水溶液呈带绿光的蓝色。④耐热、耐光性好。⑤使用范围：风味发酵乳、调制炼乳等数十种，详见GB 2760。

7.1.2.10　靛蓝及其铝色淀

①水溶性非偶氮类着色剂。②ADI 0～5mg/kg（JECFA，2006），LD$_{50}$大于2.5g/kg（大鼠，经口）。③深紫色至深紫褐色粉末，水溶液呈蓝色。④耐热、耐光、耐酸性好，耐碱性差，易还原。⑤使用范围：蜜饯类、凉果类、装饰性果蔬、腌渍的蔬菜、油炸坚果与籽类、可可制品、巧克力和巧克力制品以及糖果、除胶基糖果以外的其他糖果、糕点上彩装、焙烤食品馅料及表面用挂浆（仅限饼干夹心）、果蔬汁（浆）饮料、碳酸饮料、果味饮料、配制酒、膨化食品。

7.1.2.11　β-胡萝卜素

①异戊二烯类着色剂。②β-胡萝卜素可来源于发酵提取或合成，ADI 0～5mg/kg（JECFA，2006），LD$_{50}$ 21.5g/kg（小鼠，经口）。③深红色至暗红色粉末，稀溶液呈黄色至橙色。④油溶。⑤不耐热、光、氧、酸，弱碱环境下较稳定。⑥使用范围：风味发酵乳、调制乳粉等数十种，详见GB 2760。

7.1.2.12　β-阿朴-8'-胡萝卜素醛

①异戊二烯类着色剂。②ADI：0～5mg/kg（JECFA，2006）。③带金属光泽深紫色晶体，稀溶液呈黄色至橙色。④易溶于氯仿，微溶于植物油，能分

散于热水。⑤不耐光、氧。⑥使用范围：风味发酵乳、再制干酪、冷冻饮品（食用冰除外）、糖果、焙烤食品、半固体复合调味料、饮料类（包装饮用水除外）。

7.1.2.13 喹啉黄

①水溶性非偶氮类着色剂。②ADI：0～10mg/kg（JECFA，2006）。③黄色粉末。④使用范围：配制酒。

7.1.3 食品天然着色剂

食品天然着色剂结构复杂，按大类可分为异戊二烯衍生物、多酚类衍生物、四吡咯衍生物、酮类衍生物、醌类衍生物和其他类。

7.1.3.1 番茄红、番茄红素

①异戊二烯类着色剂。②ADI 不作限制性规定（JECFA，2009）。③番茄红：深红色油状分散物；番茄红素：红色晶体。④油溶。⑤不耐光、热、氧、酸。遇铜离子、铁离子破坏。⑥使用范围：a. 番茄红，风味发酵乳、饮料类（包装饮用水除外）；b. 番茄红素，调制乳、风味发酵乳、糖果、即食谷物、焙烤食品、固体汤料、半固体复合调味料、饮料类（包装饮用水除外）、果冻。

7.1.3.2 柑橘黄

①异戊二烯类着色剂。②ADI 未作规定（JECFA，2011）。③深红色黏稠液体或深紫色结晶粉末；乙醇水溶液呈亮黄色。④油溶。⑤耐光、耐热性差。⑥使用范围：各类食品（GB 2760 表 A.3 中除外）。

7.1.3.3 天然胡萝卜素

①异戊二烯类着色剂。②ADI 600mg/kg（JECFA，2008），LD_{50} 21.5g/kg（小鼠，经口）。③红褐色至红紫色，或者橙色至深橙色粉末。④油溶。⑤耐热、酸，不耐光、易氧化。⑥使用范围：各类食品（GB 2760 表 A.3 中除外）。

7.1.3.4 辣椒橙

①异戊二烯类着色剂。②LD_{50}：17g/kg（小鼠，经口）。③橙色至橙红色

油状液体。④油溶。⑤耐热、光。⑥使用范围：冷冻饮品（食用冰除外）、糖果、糕点、糕点上彩装、饼干、焙烤食品馅料及表面用挂浆、熟肉制品、冷冻鱼糜制品、半固体复合调味料。

7.1.3.5　辣椒红

①异戊二烯类着色剂。②ADI 未作规定（JECFA，2006），LD$_{50}$：大于 75g/kg（雄性小鼠，经口）。③纯品为有光泽的深红色针状结晶，一般品为具有特殊气味的深红色油状液体。④油溶。⑤耐热性强，不耐光，铁离子、铜离子可使其褪色，遇铝离子、锡离子、铅离子可产生沉淀。⑥使用范围：冷冻饮品（食用冰除外）、腌渍的蔬菜等数十种，详见 GB 2760。

7.1.3.6　沙棘黄

①异戊二烯类着色剂。②ADI 未作规定（JECFA，2011）。③深红色黏稠液体或深紫色结晶粉末。0.1％乙醇溶液呈亮黄色。④油溶。⑤耐光、耐热性差。⑥使用范围：氢化植物油、糕点上彩装。

7.1.3.7　胭脂树橙

①异戊二烯类着色剂。②ADI 红木素 0～12mg/kg，降红木素 0～0.6mg/kg，混合提取物未定（JECFA，2007）。③红色至褐色粉末。水溶液呈黄色至橙色。④水溶。⑤耐光、耐热性差。⑥使用范围：熟化干酪、再制干酪等数十种，详见 GB 2760。

7.1.3.8　叶黄素

①异戊二烯类着色剂。②ADI：0～2mg/kg（JECFA，2006）。③深红色黏稠液体或深紫色结晶粉末。④油溶。⑤耐光、耐热性差；可被维生素 C 降解；叶黄素酯稳定性增强。⑥使用范围：以乳为主要配料的即食风味食品、冷冻饮品（食用冰除外）、果酱、糖果、杂粮罐头、方便米面制品、冷冻米面制品、谷类甜品罐头、焙烤食品、饮料类（包装饮用水除外）、果冻。

7.1.3.9　玉米黄

①异戊二烯类着色剂。② ADI 0～2mg/kg（JECFA，2006），LD$_{50}$ 18.24g/kg（小鼠，经口）。③血红色油状液体或橘黄色半凝固体；稀溶液呈

柠檬黄色。④油溶。⑤耐光性差，耐热、耐酸碱、还原性较好；对铝离子、铁离子、铜离子等离子极不稳定。⑥使用范围：氢化植物油、糖果。

7.1.3.10 栀子黄

①异戊二烯类着色剂。②LD_{50}：大于 2g/kg（小鼠，经口）。③橙黄色膏状或红棕色结晶粉末；水溶液呈透明鲜艳黄色。④易溶于热水。⑤中性或碱性时耐光、耐热性好，耐酸性差。遇铁离子变黑。⑥使用范围：人造奶油、冷冻饮品（食用冰除外）等数十种，详见 GB 2760。

7.1.3.11 黑豆红

①酚类着色剂。②LD_{50}：大于 19g/kg（小鼠，经口）。③紫黑色粉末。酸性水溶液呈鲜红色，中性水溶液呈红棕色，碱性水溶液呈深红棕色。④水溶。⑤不耐热、光，易氧化，易还原；遇铁离子、铅离子变棕褐色。⑥使用范围：糖果、糕点上彩装、果蔬汁（浆）饮料、果味饮料、配制酒。

7.1.3.12 黑加仑红

①酚类着色剂。②ADI 未作规定（JECFA，2010），LD_{50} 大于 10g/kg（小鼠，经口）。③紫红色粉末；酸性水溶液呈紫红色，pH 大于 7.44 呈蓝紫色。④水溶。⑤耐热、光，酸性环境下稳定。⑥使用范围：糕点上彩装、碳酸饮料、果酒。

7.1.3.13 红米红

①酚类着色剂。②LD_{50}：大于 21.5g/kg（大鼠，经口）。③紫红色粉末。pH1～6 呈红色，pH7～12 呈青褐色至黄色。④水溶。⑤耐热、光、酸，不耐氧化；遇锡离子变玫瑰红色，遇铁离子、铅离子褪色并沉淀。⑥使用范围：调制乳、冷冻饮品（食用冰除外）、糖果、含乳饮料、配制酒。

7.1.3.14 姜黄

①其他类着色剂（姜科植物姜黄根茎的粉碎品）。②ADI 不作特殊规定（JECFA，2006），LD_{50} 大于 2g/kg（小鼠，经口）。③黄褐色粉末。酸性溶液呈淡黄色，碱性溶液呈深红褐色；遇铁离子、钼离子、钛离子、铬离子等由黄色变红褐色。④水溶。⑤不耐光、热，易氧化。⑥使用范围：调制乳粉和调制

奶油粉、冷冻饮品（食用冰除外）、果酱、凉果类、装饰性果蔬、腌渍的蔬菜、油炸坚果与籽类、可可制品、巧克力和巧克力制品以及糖果、粉圆、即食谷物、方便米面制品、焙烤食品、调味品、饮料类（包装饮用水除外）、配制酒、果冻、膨化食品。

7.1.3.15 姜黄素

①酚类着色剂。②ADI 0～3mg/kg（JECFA，2006），LD_{50}大于1500mg/kg（小鼠，皮下）。③橙黄色粉末；酸性溶液中呈浅黄色，碱性溶液中呈红褐色；遇金属离子，尤其铁离子变色，10mg/kg以上时变为红褐色；与氢氧化镁形成色淀，呈黄红色。④溶于乙醇、丙二醇、冰醋酸。⑤不耐光，耐热、不易氧化。⑥使用范围：冷冻饮品，油炸坚果与籽类，可可制品、巧克力和巧克力制品以及糖果，糖果，装饰糖果、顶饰和甜汁，面糊、裹粉、煎炸粉，方便米面制品，粮食制品馅料，调味糖浆，复合调味料，碳酸饮料，果冻，膨化食品。

7.1.3.16 金樱子棕

①酚类着色剂。②LD_{50}：48g/kg。③棕红色浸膏。随浓度增加呈黄色、橙黄、橙红至茶色。④水溶。⑤耐光、不易氧化；遇锡离子变玫瑰红色，遇铁离子、铅离子褪色并沉淀。⑥使用范围：糕点、焙烤食品馅料及表面用挂浆、碳酸饮料、配制酒。

7.1.3.17 菊花黄浸膏

①酚类着色剂。②LD_{50}：22.5g/kg（小鼠，经口）。③棕褐色浸膏；酸性时黄色，碱性时呈橙黄色。④水溶。⑤耐热、光。⑥使用范围：可可制品、巧克力和巧克力制品以及糖果。

7.1.3.18 可可壳色

①酚类着色剂。②LD_{50}：大于10g/kg（小鼠，经口）。③深棕色粉末。水溶液呈巧克力色；pH小于4易沉淀。④水溶。⑤耐热、光，不易氧化。⑥使用范围：冷冻饮品（食用冰除外）、可可制品、巧克力和巧克力制品以及糖果、面包、糕点、糕点上彩装、焙烤食品馅料及表面用挂浆、植物蛋白饮料、碳酸饮料、配制酒。

7.1.3.19 蓝锭果红

①酚类着色剂。②LD$_{50}$：大于 21.05g/kg（小鼠，经口）。③紫红色粉末。水溶液 pH3.0 时呈鲜艳红色，随着 pH 值提高，颜色变紫。④水溶。⑤不耐热、光；遇铁离子变黑、锰离子变暗、锡离子变紫，并生成大量沉淀。⑥使用范围：冷冻饮品（食用冰除外）、糖果、糕点、糕点上彩装、果蔬汁（浆）饮料、风味饮料。

7.1.3.20 萝卜红

①酚类着色剂。②LD$_{50}$：大于 15g/kg（小鼠，经口）。③深红色粉末。水溶液 pH2.0～8.0 呈橙红、粉红、鲜红、紫罗兰色。④水溶。⑤不耐热、光，易氧化；遇铜离子可加速降解，变为蓝色，遇铁离子可变为锈黄色。维生素 C 有保护作用。⑥使用范围：冷冻饮品（食用冰除外）、果酱、蜜饯类、糖果、糕点、醋、复合调味料、果蔬汁（浆）饮料、果味饮料、配制酒、果冻。

7.1.3.21 落葵红

①酚类着色剂。②LD$_{50}$：10g/kg（小鼠，经口）。③暗红至暗紫色粉末。水溶液 pH2～8 范围内呈红色，pH 值大于 8 呈蓝色。④水溶。⑤不耐热，耐光性较好，对金属离子氧化还原性质不稳定。⑥使用范围：糖果、糕点上彩装、碳酸饮料、果冻。

7.1.3.22 玫瑰茄红

①酚类着色剂。②LD$_{50}$：大于 9260mg/kg（小鼠，经口）。③红紫色粉末。水溶液酸性时呈鲜红色，中性至碱性时呈红色至紫色。④水溶。⑤不耐热、光，遇金属离子不稳定。⑥使用范围：糖果、果蔬汁（浆）饮料、果味饮料、配制酒。

7.1.3.23 葡萄皮红

①酚类着色剂。②ADI 0～2.5mg/kg（JECFA，2006），LD$_{50}$大于 10.8g/kg（雌性小鼠，经口）。③暗紫色粉末；水溶液酸性时呈红色至紫红色，碱性时呈暗蓝色；遇铁离子呈暗紫色。④水溶。⑤不耐热、光，易氧化。⑥使用范

围：冷冻饮品（食用冰除外）、果酱、糖果、焙烤食品、饮料类（包装饮用水除外）、配制酒。

7.1.3.24 桑椹红

①酚类着色剂。②LD$_{50}$：大于 26.8g/kg（小鼠，经口）。③紫黑色粉末。水溶液酸性时呈紫红色，中性时呈紫色，碱性时呈蓝紫色。④水溶。⑤遇铁离子、铜离子、锌离子等，颜色极不稳定。⑥使用范围：果糕类、糖果、果蔬汁（浆）饮料、风味饮料、果酒、果冻。

7.1.3.25 沙棘黄

①酚类着色剂。②LD$_{50}$：大于 21.5g/kg（小鼠，经口）。③橙黄色粉末。溶液酸性时呈紫红色，中性时呈紫色，碱性时呈蓝紫色。④油溶。⑤耐热、光，不耐酸，遇铁离子、钙离子等变色。⑥使用范围：氢化植物油、糕点上彩装。

7.1.3.26 越橘红

①酚类着色剂。②LD$_{50}$：大于 25g/kg（小鼠，经口）。③深红色粉末。水溶液酸性时呈红色，碱性时呈橙紫色。④水溶。⑤不耐热、光，易氧化，遇铁离子、铜离子等褪色。⑥使用范围：冷冻饮品（食用冰除外）、果蔬汁（浆）饮料、果味饮料。

7.1.3.27 核黄素

①酮类着色剂。②ADI 0～0.5mg/kg（FAO/WHO，2001）。③黄色至橙黄色粉末；水溶液酸性时呈红色，碱性时呈橙紫色。④水溶。⑤不耐光、易氧化、易还原、不耐碱。⑥使用范围：脱水马铃薯、方便米面制品、固体复合调味料。

7.1.3.28 红曲黄色素

①酮类着色剂。②动物实验无异常。③黄色至黄褐色粉末；水溶液有荧光性。④水溶。⑤不耐光；pH3～8 稳定。⑥使用范围：果蔬汁（浆）饮料、蛋白饮料、碳酸饮料、固体饮料、风味饮料、配制酒、果冻。

7.1.3.29　红曲米、红曲红

①酮类着色剂。②LD_{50}：大于 7g/kg（小鼠，经口）。③红曲米：棕红色至紫红色米粒；红曲红：红色至暗红色粉末。红曲红溶液为薄层时呈鲜红色，厚层时带黑褐色；④溶于热水、氯仿、苯。⑤耐光、不易氧化、不易还原；遇氯易褪色。⑥使用范围：调制乳、风味发酵乳等数十种，详见 GB 2760。

7.1.3.30　花生衣红

①酮类着色剂。②LD_{50}：大于 10g/kg（小鼠，经口）。③红褐色粉末。中性溶液呈红色，碱性溶液呈咖啡色，酸性环境不溶。④溶于热水、乙醚、氯仿等。⑤耐热、光，不易氧化，耐酸碱，遇金属离子稳定。⑥使用范围：糖果、饼干、肉灌肠类、碳酸饮料。

7.1.3.31　高粱红

①酮类着色剂。②LD_{50}：大于 10g/kg（小鼠，经口）。③深褐色粉末；水溶液呈红棕色，酸性时色浅，碱性时色深。④水溶。⑤耐热、光；遇铁离子呈深褐色。⑥使用范围：各类食品（GB 2760 表 A.3 中除外）。

7.1.3.32　酸枣色

①醌类着色剂。②LD_{50}：6810mg/kg（小鼠，经口）。③棕黑色结晶或棕褐色粉末。溶液呈枣红色，碱性溶液中加深。④溶于热水。⑤耐热、光、不易氧化，耐酸碱，遇金属离子稳定。⑥使用范围：腌渍的蔬菜、糖果、果蔬汁（浆）饮料、风味饮料。

7.1.3.33　胭脂虫红

①醌类着色剂。②ADI：0～5mg/kg（JECFA，2006），LD_{50}大于 8.89g/kg（小鼠，经口）。③红色至暗红色粉末；pH 值小于 4 时呈橙色至橙红色，pH 值 5～6 时呈红色至紫红色，pH 值大于 7 时呈紫红色至紫色。④水溶。⑤耐光、热。⑥使用范围：风味发酵乳、调制乳粉和调制奶油粉等数十种，详见 GB 2760。

7.1.3.34　紫草红

①醌类着色剂。②LD_{50}：4640mg/kg（小鼠，经口）。③紫红色结晶；酸

性溶液呈红色，中性溶液呈紫红色，碱性溶液呈蓝色；遇铁离子呈深紫色。④油溶。⑤耐热，耐金属离子较差。⑥使用范围：冷冻饮品（食用冰除外）、糕点、饼干、焙烤食品馅料及表面用挂浆、果蔬汁（浆）饮料、果味饮料、果酒。

7.1.3.35 紫胶红

①醌类着色剂。②LD_{50}：1.8g/kg（大鼠，经口）。③紫红或鲜红色粉末；pH 值小于 4.0 时呈橙黄色，pH 值 4.0～5.0 时呈鲜红色，pH 值大于 6.0 时呈紫红色，pH 值大于 12.0 时褪色；遇铁离子变黑。④溶于水、乙醇、丙二醇，溶解度低。⑤酸性时耐热、光，对金属离子不稳定。⑥使用范围：果酱、可可制品、巧克力和巧克力制品以及糖果、焙烤食品馅料及表面用挂浆、复合调味料、果蔬汁（浆）饮料、碳酸饮料、果味饮料、配制酒。

7.1.3.36 叶绿素铜、叶绿素铜钠盐、叶绿素铜钾盐

①吡咯类着色剂。②ADI：0～15mg/kg（JECFA，2006）。③墨绿色粉末；水溶液为透明的翠绿色；偏酸性时遇钙离子沉淀。④水溶。⑤耐热、光。⑥使用范围：a. 叶绿素铜，稀奶油、糖果、焙烤食品；b. 叶绿素铜钠盐、叶绿素铜钾盐，冷冻饮品（食用冰除外）、蔬菜罐头、熟制豆类、加工坚果与籽类、糖果、粉圆、焙烤食品、饮料类（包装饮用水除外）、配制酒、果冻。

7.1.3.37 藻蓝

①吡咯类着色剂。②LD_{50}：大于 30g/kg（大鼠，经口）。③亮蓝色粉末。pH3.5～10.5 呈海蓝色，pH4～8 颜色稳定，等电点为 pH3.4。④水溶。⑤耐光，不耐热；金属离子有不良影响。⑥使用范围：冷冻饮品（食用冰除外）、糖果、香辛料及粉、果蔬汁（浆）饮料、风味饮料、果冻。

7.1.3.38 二氧化钛

①其他类着色剂。②ADI 不作限制性规定（JECFA，2010），LD_{50} 大于 12g/kg（小鼠，经口）。③白色粉末。④水、油均不溶。⑤性能稳定、着色力、遮盖力强。⑥使用范围：果酱、凉果类、脱水马铃薯、油炸坚果与籽类、可可制品、巧克力和巧克力制品、胶基糖果、糖果（胶基糖果除外）、糖果和

巧克力制品包衣、装饰糖果、顶饰（非水果材料）和甜汁、调味糖浆、蛋黄酱、色拉酱、固体饮料、果冻、膨化食品、其他（饮料浑浊剂、魔芋凝胶制品）。

7.1.3.39　焦糖色

①其他类着色剂。②ADI普通法不作特殊规定；苛性硫酸盐法为0～160mg/kg；氨法和亚硫酸铵法为0～200mg/kg（JECFA，2006）。LD_{50}大于1.9g/kg（大鼠，经口）。③深褐色粉末或黏稠液体；水溶液呈红棕色。④水溶。⑤性能稳定。⑥使用范围：调制炼乳、冷冻饮品（食用冰除外）等数十种，详见GB 2760。

7.1.3.40　氧化铁黑、氧化铁红

①其他类着色剂。②ADI 0～0.5mg/kg（JECFA，2008）。③氧化铁黑（Fe_3O_4）：黑色粉末；氧化铁红（Fe_2O_3）：红色至红棕色粉末。④水、油均不溶。⑤性能稳定。⑥使用范围：糖果和巧克力制品包衣。

7.1.3.41　植物炭黑

①其他类着色剂。②ADI未作规定（JECFA，2010），LD_{50}大于15g/kg（大鼠，经口）。③黑色粉末状微粒。④水、油均不溶。⑤性能稳定。⑥使用范围：冷冻饮品（食用冰除外）、糖果、粉圆、糕点、饼干。

7.1.3.42　红花黄

①其他类着色剂。②LD_{50}：5.5g/kg（小鼠，经口）。③黄色或棕黄色粉末；酸性溶液中呈黄色，碱性溶液中呈橙色。遇钙离子、锡离子、镁离子、铜离子、铝离子等褪色或变色，遇铁离子变黑。④水溶。⑤耐光、热。⑥使用范围：冷冻饮品（食用冰除外）、水果罐头、蜜饯凉果、装饰性果蔬、腌渍的蔬菜、蔬菜罐头、油炸坚果与籽类、糖果、杂粮罐头、方便米面制品、粮食制品馅料、糕点上彩装、腌腊肉制品类、调味品、果蔬汁（浆）饮料、碳酸饮料、果味饮料、配制酒、果冻、膨化食品。

7.1.3.43　密蒙黄

①其他类着色剂。②LD_{50}：大于10g/kg（小鼠，经口）。③黄棕色粉

末；pH 值小于 3 时呈淡黄色，pH 值大于 3 时呈橙黄色。④水溶。⑤耐光、热。⑥使用范围：糖果、面包、糕点、果蔬汁（浆）饮料、风味饮料、配制酒。

7.1.3.44 天然苋菜红

①其他类着色剂。②LD$_{50}$：大于 10g/kg（大鼠，经口）。③紫红色粉末；pH 值小于 9 时呈紫红色，pH 值大于 9 时呈黄色。④水溶。⑤不耐光、热、酸。⑥使用范围：蜜饯凉果、装饰性果蔬、糖果、糕点上彩装、果蔬汁（浆）饮料、碳酸饮料、果味饮料、配制酒、果冻。

7.1.3.45 橡子壳棕

①其他类着色剂。②LD$_{50}$：大于 15g/kg（小鼠，经口）。③深棕色粉末；pH 值小于等于 4 时呈黄色，偏酸性时呈红棕色，偏碱性时呈棕色。④水溶。⑤性能稳定。⑥使用范围：可乐型碳酸饮料、配制酒。

7.1.3.46 杨梅红

①其他类着色剂。②ADI 0～5mg/kg（JECFA，2006），LD$_{50}$ 大于 8.89g/kg（小鼠，经口）。③红色至暗红色粉末；pH 值小于 4 时呈橙色至橙红色，pH 值 5～6 时呈红色至紫红色，pH 值大于 7 时呈紫红色至紫色。④水溶。⑤耐光、热。⑥使用范围：冷冻饮品（食用冰除外）、糖果、糕点上彩装、饮料类（包装饮用水除外）、配制果酒、果冻。

7.1.3.47 栀子蓝

①其他类着色剂。②LD$_{50}$：16.7g/kg（小鼠，经口）。③蓝色粉末；pH 值 3～8 时呈鲜明蓝色。④水溶。⑤耐热，不耐光。⑥使用范围：冷冻饮品（食用冰除外）、果酱、腌渍的蔬菜、油炸坚果与籽类、糖果、方便米面制品、粮食制品馅料、焙烤食品、调味品（盐及代盐制品除外）、果蔬汁类及其饮料、蛋白饮料、固体饮料、风味饮料、配制酒、膨化食品。

7.1.3.48 紫甘薯色素

①其他类着色剂。②红色至紫红色粉末。水溶液呈红色至紫红色，碱性呈蓝紫色。③水溶。④耐热、光。⑤使用范围：冷冻饮品（食用冰除外）、糖果、

糕点上彩装、配制酒。

7.1.3.49 甜菜红

①其他类着色剂。②ADI 未作评价（JECFA 2007），LD_{50} 大于 10g/kg（大鼠，经口）。③紫红色粉末；水溶液呈红色至紫红色，碱性呈黄色。④水溶。⑤不耐热、易氧化、易还原；铜离子、铁离子对吸光度有一定影响。⑥使用范围：各类食品（GB 2760 表 A.3 中除外）。

7.2 护色剂

护色剂是一类自身没有颜色，但能与肉的血色原反应而呈现颜色的物质作用，也称发色剂、呈色剂或助色剂。

7.2.1 葡萄糖酸亚铁

①ADI 不作特殊规定（JECFA，2006），LD_{50} 2237mg/kg（大鼠，经口）。②作用途径和效果：亚铁离子与单宁类物质形成稳定的络合物，色泽持久稳定。不对食品口感产生影响。③使用范围：腌渍的蔬菜（仅限橄榄）。④使用条件：葡萄糖酸亚铁溶液呈酸性，要关注食品的 pH 值。

7.2.2 亚硝酸钠、亚硝酸钾

①ADI：0～0.06mg/kg（JECFA，2006）；LD_{50}：亚硝酸钠为 85mg/kg，亚硝酸钾为 200mg/kg（大鼠，经口）。②作用途径和效果：与血红蛋白反应，生成亚硝基血红蛋白，遇热后释放出巯基，变成亚硝基血色原，使肉呈现鲜红色；色泽持久稳定，并有特殊香味以及防腐作用。③使用范围：腌腊肉制品类，酱卤肉制品类，熏、烧、烤肉类，油炸肉类，西式火腿类，肉灌肠类，发酵肉制品类，肉罐头类。④使用条件：亚硝酸盐属于中等毒性添加剂，使用限量严格，不但规定了最高添加量 0.15g/kg，而且规定了加工后的残留量，要求西式火腿中残留量≤70mg/kg，肉罐头类残留量≤50mg/kg，其余制品残留量≤30mg/kg。

7.2.3　硝酸钠、硝酸钾

①ADI：$0 \sim 3.7mg/kg$（JECFA，2006），LD_{50}：硝酸钠为 $1100 \sim 2000mg/kg$，硝酸钾为 $3750mg/kg$（大鼠，经口）。②作用途径和效果：通过还原为亚硝酸盐而起作用。③使用范围：腌腊肉制品类，酱卤肉制品，熏、烧、烤肉类，油炸肉类，西式火腿类，肉灌肠类，发酵肉制品类。④使用条件：硝酸盐属于低毒性添加剂，使用限量提高到最高添加量 $0.5g/kg$（以亚硝酸盐计），但同样规定了加工后的残留量，要求所有产品残留$\leqslant 30mg/kg$。

硝酸盐和亚硝酸盐使用的最佳 pH 为 5.5 左右，pH 为 6 时抑菌作用显著，pH 为 6.5 时作用下降，pH 为 7 时不起作用。

在使用护色剂时常配合使用能促进发色的还原性物质，以获得更佳的发色效果，称为发色助剂。肌红蛋白分子含亚铁离子时肉色鲜艳，含高铁离子时色泽变褐。亚硝酸盐在空气中可被氧化，用还原性护色助剂可防止肌红蛋白氧化，减少亚硝酸盐的用量而提高安全性。抗坏血酸及其钠盐等还可把氧化型的褐色高铁肌红蛋白还原为红色，烟酰胺可与肌红蛋白结合生成稳定的烟酰胺肌红蛋白而难以氧化，磷酸盐和柠檬酸盐作为金属离子螯合剂，也可防止肌红蛋白的氧化变色。

7.3　漂白剂

漂白剂是破坏、抑制食品的发色因素，使其褪色或使食品免于褐变的食品添加剂。食品工业中有还原漂白法、氧化漂白法和脱色漂白法。氧化漂白剂过氧化苯甲酰在我国已禁用，所以实际在我国无氧化漂白法。

漂白剂的作用包括：亚硫酸能释放氢原子可打开发色剂的双键，使有机物失去颜色；亚硫酸对氧化酶活性有很强的抑制作用，$1mg/kg$ 的 SO_2 能使酶活力降低 20%，$10mg/kg$ 的 SO_2 能完全抑制氧化酶活性；亚硫酸能消耗组织中的氧，抑制需氧微生物的生长，防止组织中维生素 C 的破坏。

7.3.1　二氧化硫、焦亚硫酸钾、焦亚硫酸钠、亚硫酸钠、亚硫酸氢钠、低亚硫酸钠

二氧化硫：无色有毒气体，溶于水中生成亚硫酸。亚硫酸钠、焦亚硫酸

钾、焦亚硫酸钠：加热或遇酸即分解释放出二氧化硫，生成硫酸盐。亚硫酸氢钠：暴露于空气中极易失去部分二氧化硫，同时氧化成硫酸盐。低亚硫酸钠：极不稳定，易氧化分解，并可能燃烧，至190℃时可发生爆炸，是亚硫酸盐漂白剂中还原力最强的。

①ADI全部为0～0.7mg/kg（JECFA，2006，以总二氧化硫计）；LD_{50}焦亚硫酸钾、焦亚硫酸钠、亚硫酸钠、低亚硫酸钠为600～700mg/kg（兔子，经口），亚硫酸氢钠为115mg/kg（大鼠，经口）。②使用范围：经表面处理的鲜水果、水果干类等数十种，详见GB 2760。③使用条件：亚硫酸盐接近中等毒性，添加的最高剂量以残留的二氧化硫为限制，GB 2760中标注的使用量是加工后的二氧化硫残留量。

7.3.2 硫磺

①使用范围：水果干类、蜜饯凉果、干制蔬菜、经表面处理的鲜食用菌和藻类、食糖、魔芋粉。②使用条件：不可直接加入食品，只限用于熏蒸，通过燃烧产生的二氧化硫气体达到漂白食品目的。③最高添加量以加工后的二氧化硫残留量标注。

8

形态类食品添加剂

本章要点

与形态有关的食品添加剂包括抗结剂、膨松剂、稳定剂和凝固剂、消泡剂。本章核心内容是这些添加剂的安全性和作用特点。

8.1 抗结剂

抗结剂是用于防止颗粒或粉状食品聚集结块,保持其松散或自由流动的物质。可直接掺入食品中拌匀使用。

8.1.1 二氧化硅

①化学分子式:SiO_2。②ADI不作特殊规定(JECFA,2006)。③形态:胶体硅为白色、蓬松、粒度非常细小的粉末;湿法硅为白色、蓬松、微空泡状颗粒。④使用范围:乳粉和奶油粉及其调制产品、其他乳制品、植脂末、冷冻饮品(食用冰除外)、可可制品、原粮、面糊、裹粉、煎炸粉、脱水蛋制品、糖粉、盐及代盐制品、香辛料类、固体复合调味料、固体饮料类、豆制品复配消泡剂。

8.1.2 硅酸钙

①化学分子式:$CaSiO_3$。②ADI不作特殊规定(JECFA,2006)。③形

态：白色至灰白色易流动粉末。与无机酸可形成凝胶。④使用范围：乳粉和奶油粉及其调制产品、干酪和再制干酪及其类似品、可可制品、淀粉及淀粉类制品、食糖、餐桌甜味料、盐及代盐制品、香辛料及粉、复合调味料、固体饮料类、酵母及酵母类制品。

8.1.3　滑石粉

①化学分子式：$3MgO \cdot 4SiO_2 \cdot H_2O$。②ADI 不作特殊规定（JECFA，2006），LD_{50} 920 mg/kg（大鼠，吞食）。③形态：白色至灰白色细微结晶粉末。④使用范围：凉果类、话化类。

8.1.4　微晶纤维素

①β-1,4-葡萄糖苷键结合的直链多糖类物质。②ADI 不作特殊规定（JEC-FA，2009）。③形态：白色细小结晶性可流动粉末。④使用范围：各类食品（GB 2760 表 A.3 中除外）。

8.1.5　柠檬酸铁铵

①化学分子式：$(NH_4)_3Fe(C_6H_5O_7)_2$。②ADI 0.8mg/kg（JECFA，2006，以铁计），LD_{50} 1000mg/kg（小鼠，经口）。③形态：棕色和绿色固体。④使用范围：盐及代盐制品。

8.1.6　亚铁氰化钾，亚铁氰化钠

①化学分子式：$K_4Fe(CN)_6 \cdot H_2O$，$Na_4Fe(CN)_6 \cdot H_2O$。② ADI 0.025mg/kg（JECFA，2006，以亚铁氰化钾计）。③形态：黄色和柠檬黄色晶体。④使用范围：盐及代盐制品。

8.2　膨松剂

膨松剂是在食品加工过程中加入的，能使产品膨发，形成致密多孔组织，从而使制品具有膨松、柔软或酥脆的物质。酵母是生物膨松剂，不属于食品添加剂。化学膨松剂可分为碱性膨松剂、酸性膨松剂和复合膨松剂。

8.2.1 酒石酸氢钾

①酸性膨松剂。②ADI 0～30mg/kg（JECFA，2006）。③性状：无色或白色结晶或结晶粉末，有令人愉快的清凉酸味。在碱性溶液中呈中性可溶性复盐。产气较缓慢。④使用范围：小麦粉及其制品、焙烤食品。

8.2.2 硫酸铝钾、硫酸铝铵

①酸性膨松剂。②ADI 1mg/kg（JECFA，2006，以总铝计）。③性状：无色或白色结晶，略有甜味和收敛涩味；与碱性疏松剂合用，产生二氧化碳和中性盐，能控制疏松剂产气的速度。④使用范围：豆类制品、面糊、裹粉、煎炸粉、油炸面制品、虾味片、焙烤食品、腌制水产品（仅限海蜇）。

8.2.3 碳酸氢铵

①碱性膨松剂。②ADI 不作特殊规定（JECFA，2006）。③性状：无色到白色结晶性粉末，略带氨臭，对热不稳定，60℃以上迅速挥发，分解为氨、二氧化碳和水。④使用范围：各类食品（GB 2760 表 A.3 中除外，表 A.3 中婴幼儿谷类辅助食品按生产需要适量使用）。

8.2.4 碳酸氢钠

①碱性膨松剂。②ADI 不作特殊规定（JECFA，2006）。③性状：白色结晶性粉末，对热不稳定，50℃以上分解释放二氧化碳，65℃以上迅速分解，遇酸立即分解释放二氧化碳；单独使用时，因受热分解后呈强碱性，容易使产品出现黄斑并影响口味。④使用范围：各类食品（GB 2760 表 A.3 中除外，表 A.3 中发酵大米制品、婴幼儿谷类辅助食品按生产需要适量添加）。

8.2.5 碳酸钙

①碱性膨松剂。②ADI 不作特殊规定（JECFA，2006）。③性状：白色粉末，轻质碳酸钙平均粒径 1～3μm，重质碳酸钙平均粒径 5～10μm；与碳酸氢钠、硫酸铝钾等复配得到的膨松剂，遇热缓慢地释放二氧化碳，产生均匀的膨

松结构体。④使用范围：各类食品（GB 2760 表 A.3 中除外）。

8.3　稳定剂和凝固剂

稳定剂和凝固剂是一类使食品结构稳定或使食品组织结构不变，增强固形物黏性的食品添加剂。食品类别多样，稳定剂的种类和作用机理也各不相同，如硫酸钙、氯化镁、葡萄糖酸-δ-内酯等通过使蛋白质交联、变性达到凝固效果；各种钙盐能使可溶性果胶酸转化成不溶性果胶酸钙，实现保持果蔬脆度和硬度的效果等。现分述如下。

8.3.1　硫酸钙

①ADI 不作限制性规定（JECFA，2006）。②性状：白色结晶性粉末，具涩味。③作用途径：蛋白质交联作用。在豆腐加工中作凝固剂，做出的豆腐较细嫩。将硫酸钙制成悬浮液，以大豆原料的 2.25％～4.1％添加。因溶剂度因素，夏季用量少，冬季用量多。④使用范围：豆类制品、小麦粉制品、面包、糕点、饼干、腌腊肉制品（仅限腊肠）、肉灌肠类。

8.3.2　氯化镁

① ADI 不作限制性规定（JECFA，2006），LD_{50}：2800mg/kg（大鼠，经口）。②性状：无色单斜晶体，味苦，常温下为六水盐。③作用途径：蛋白质交联作用。在豆腐加工中做凝固剂。易溶于水，最适用量为 0.13％～0.22％。豆浆凝固快，硬度大，含水量低，具有独特盐卤风味，为老豆腐、北豆腐的主要成分。④使用范围：豆类制品。

8.3.3　葡萄糖酸-δ-内酯

①ADI 不作限制性规定（JECFA，2006），LD_{50} 7360mg/kg（兔子，静注）。②性状：白色晶体或粉末，味先甜后酸。③作用途径：蛋白质变性作用。在豆腐加工中做凝固剂。在水中水解成葡萄糖酸，使豆浆 pH 值下降到蛋白质等电点，产生沉淀凝结。有微酸味，不适合豆干和油炸豆腐的生产。④使用范围：各类食品（GB 2760 表 A.3 中除外）。

8.3.4 谷氨酰胺转氨酶

①GRAS（FDA，1998）。②性状：白色至淡褐色粉末。③作用途径：蛋白质交联作用。可催化蛋白质发生分子内和分子间共价交联，提高蛋白质的发泡性、乳化性、保水性和凝胶能力等。最适作用 pH 为 6.0，在 pH5.0～8.0 的范围内有较高活性。最适温度 50℃左右，在 45～55℃范围内有较高活性。在蛋白质食品体系中热稳定性会显著提高。千叶豆腐可用。④使用范围：豆类制品。

8.3.5 氯化钙

①ADI 不作限制性规定（JECFA，2006），LD_{50} 1g/kg（大鼠，经口）。②性状：白色粉末，味微苦。吸湿性极强，暴露于空气中极易潮解。③作用途径：离子结合作用。作为组织凝固剂，使可溶性果胶酸凝固为不溶性果胶酸钙，可保持果蔬制品的脆性，并有护色效果。用作豆制品凝固剂时，豆浆凝固快，制品持水性差。④使用范围：稀奶油、调制稀奶油、水果罐头、果酱、蔬菜罐头、豆类制品、装饰糖果、顶饰和甜汁、调味糖浆、其他类饮用水（自然来源饮用水除外）、其他（仅限畜禽血制品）。

8.3.6 柠檬酸亚锡二钠

①LD_{50}：2.7g/kg（小鼠，经口）。②性状：白色结晶，易吸湿潮解，易溶于水，呈强还原性，极易被氧化。③作用途径：还原作用。在罐体中亚锡离子（Sn^{2+}）氧化成锡离子（Sn^{4+}），消耗残余氧气，起防腐和护色作用，并且不影响罐头的风味。④使用范围：水果罐头、蔬菜罐头、食用菌和藻类罐头。

8.3.7 乙二胺四乙酸二钠

①ADI 0～2.5mg/kg（JECFA，2006）。②性状：白色粉末，微咸。③作用途径：离子螯合。消除金属离子或由其引起的不利作用，抑制水煮食品的水混浊，防止食品氧化变色。④使用范围：果酱；果脯类（仅限地瓜果脯）；腌渍的蔬菜；蔬菜罐头；蔬菜泥（酱），番茄沙司除外；坚果与籽类罐头；杂粮罐头；复合调味料；饮料类（包装饮用水除外）。

8.3.8　丙二醇（1，2-丙二醇）

①ADI 0～25mg/kg（JECFA，2006），LD_{50} 22～23.9mg/kg（小鼠，经口）。②性状：无色透明黏稠液体，稍有特殊味道（略带苦、甜味和热感），有吸湿性。③作用途径：吸湿抗冻。对食品有保湿作用，生产面条时添加面粉质量的 2%～3%，能增加弹性，防止面条干燥崩裂，增加光泽。④使用范围：生湿面制品、糕点。

8.3.9　刺梧桐胶

①ADI 不作限制性规定（JECFA，2006），LD_{50} 大于 30g/kg（大鼠，经口）。②性状：淡黄至淡红褐色粉末，略带醋酸气味。③作用途径：增稠乳化。可避免冷冻品中冰结晶的析出、肉制品中脂肪和肉汁的析出。④使用范围：水油状脂肪乳化制品。

8.3.10　可得然胶

①ADI 不作限制性规定（JECFA，2006），LD_{50} 大于 10g/kg（大鼠，经口）。②性状：白色粉末，能形成热不可逆凝胶。③作用途径：增稠乳化。在食品加工及烹饪中煮、炸等高温加热条件下稳定，在冷冻-解冻过程中稳定。④使用范围：豆腐类、生湿面制品、生干面制品、方便米面制品、熟肉制品、冷冻鱼糜制品、果冻、其他（仅限人造海鲜产品）。

8.3.11　黄原胶

参照第三章食品增稠剂。

8.3.12　羧甲基纤维素钠

参照第三章食品增稠剂。

8.3.13　微晶纤维素

参照第八章抗结剂。

8.3.14　α-环状糊精

①GRAS（FDA，2004）。②性状：白色粉末；25℃时溶解度为 12.7g/100mL。③作用途径：吸附包埋。环状麦芽六糖，略呈锥形的圆环分子。环糊精的外缘亲水而内腔疏水，能包络有机分子、无机离子以及气体分子等。α-环状糊精的内腔尺寸较小，适合包络小分子，以及溶解度要求较高的场合。④使用范围：各类食品（GB 2760 表 A.3 中除外）。

8.3.15　γ-环状糊精

①GRAS（FDA，2000）。②性状：白色粉末；25℃时溶解度为 25.6g/100mL。③作用途径：吸附包埋。环状麦芽八糖，略呈锥形的圆环分子。γ-环状糊精的内腔尺寸较大，适合范围更广。④使用范围：各类食品（GB 2760 表 A.3 中除外）。

8.4　消泡剂

消泡剂是在食品加工过程中降低表面张力，消除泡沫的物质。在食品成分中含磷脂、皂苷等表面活性物质和蛋白质、明胶等泡沫稳定剂，在食品的发酵、搅拌、煮沸、浓缩等过程中会产生大量泡沫，若不及时消泡，就从容器中溢出。有效的消泡剂既要能迅速破泡，又要在相当长的时间内防止泡沫形成。

8.4.1　高碳醇脂肪酸酯复合物

①LD_{50}：大于 15g/kg（大鼠，经口）。②性状：十八碳醇的硬脂酸酯、液体石蜡、硬脂酸三乙醇胺和硬脂酸组成的混合物；白色或淡黄色黏稠液体，不易燃，不易爆，不挥发，性质稳定。③使用范围：发酵工艺、大豆蛋白加工工艺。

8.4.2　聚二甲基硅氧烷及其乳液

①ADI：0～0.8mg/kg（JECFA，2008）。②性状：无色或浅黄色液体，无味，透明度高，具有生理惰性和良好的化学稳定性，并具有很高的

抗剪切能力。③使用范围（消泡剂、脱模剂）：豆制品工艺、肉制品、啤酒加工工艺、焙烤食品工艺、油脂加工工艺、果冻、果汁、浓缩果汁粉、饮料、速溶食品、冰淇淋、果酱、调味品和蔬菜加工工艺、发酵工艺、薯片加工工艺。

8.4.3　聚甘油脂肪酸酯

①ADI 0～25mg/kg（JECFA，2006），LD_{50}大于 10g/kg（大鼠，经口）。②性状：浅黄色至琥珀色、油状至极黏稠液体或浅棕黄色至棕色塑性或硬性蜡状固体；第一功能是乳化剂，消泡是乳化剂的功能之一。③使用范围：制糖工艺。

8.4.4　聚氧丙烯甘油醚

①LD_{50}：大于 10g/kg（小鼠，经口）。②性状：无色或黄色非挥发性油状液体，难溶于水，热稳定性好；其分子能迅速进入泡沫表面，伸展扩散而消泡。③使用范围：发酵工艺。

8.4.5　聚氧丙烯氧化乙烯甘油醚

①LD_{50}：379.4mg/kg（小鼠，经口）。②性状：无色或黄色非挥发性油状液体，溶于有机溶剂，在冷水中溶解较热水中容易；适用于比较稠厚的发酵液消泡。③使用范围：发酵工艺。

8.4.6　聚氧乙烯聚氧丙烯胺醚

①LD_{50}：14.7mg/kg（小鼠，经口）。②性状：无色或微黄色非挥发性油状液体，溶于有机溶剂，在冷水中溶解较热水中容易。③使用范围：发酵工艺。

8.4.7　聚氧乙烯聚氧丙烯季戊四醇醚

①LD_{50}：12.6～17.1mg/kg（小鼠，经口）。②性状：无色透明油状液体，难溶于水，溶于有机溶剂，不溶于煤油等矿物油，与酸、碱不发生化学反应，热稳定性良好；分子量在 3000 以上时有良好的消泡效果。③使用范围：发酵工艺。

9 水分类食品添加剂

本章要点

与水分有关的食品添加剂包括被膜剂、水分保持剂。本章核心内容是这些添加剂的安全性和作用特点。

9.1 被膜剂

被膜剂是用于食品外表涂抹，起到保质、保鲜、上光、防止水分蒸发等作用的物质。水果表面涂一层薄膜，可以抑制水分蒸发，防止微生物侵入，并形成气调层，因而可延长水果保鲜时间。糖果如巧克力表面涂膜后，不仅外观光亮、美观，而且还可以防止粘连，保持质量稳定。可在被膜剂中加入防腐剂、抗氧化剂等，以拓展被膜剂的应用范围。

9.1.1 巴西棕榈蜡

①ADI $0 \sim 7mg/kg$ （JECFA，2006），LD_{50}大于$15g/kg$（小鼠，经口）。②性状：淡黄色至浅棕色硬质脆性固体；主要成分是高碳脂肪酸和高碳羟基醇的蜡酯、游离高碳醇、游离高碳酸、少量树脂及石油烃等；具有良好的乳化性、附着性。③使用范围：新鲜水果、可可制品、巧克力和巧克力制品以及糖果。

9.1.2 吗啉脂肪酸盐 (果蜡)

①LD_{50}：1600mg/kg（大鼠，经口）。②性状：淡黄色至黄褐色油状或蜡状物，微有氨臭；可混溶于丙酮、苯和乙醇中；溶于水，在水中溶解量大时呈凝胶状。具有很好的成膜性，主要成分为天然棕榈蜡（10%～12%）、吗啉脂肪酸盐（2.5%～3.0%）、水（85%～87%）。③使用范围：经表面处理的鲜水果。

9.1.3 蜂蜡

①GRAS（FDA 2006）。②性状：黄色或淡棕色固体，冷时略脆；有蜂蜜样香气，味微甘；主要成分为二十六烷酸、十六烷酸蜂花酯。③使用范围：糖果、糖果和巧克力制品包衣。

9.1.4 白油 (液体石蜡)

①LD_{50}：1900mg/kg（小鼠，经口）。②性状：无色透明、无臭液体油料，加热后有石油臭；不溶于水和醇，溶于醚、氯仿或挥发油中；对光、热、酸等稳定，但长时间接触光和热会慢慢氧化。③使用范围：除胶基糖果以外的其他糖果、鲜蛋。

9.1.5 松香季戊四醇酯

①大鼠摄入含有1%松香季戊四醇酯的饲料，经90d喂养未见毒性作用。②性状：硬质浅琥珀色树脂，溶于丙酮、苯，不溶于醇类溶剂，部分溶于石油类溶剂，与植物油混溶性较好；具有色浅、不易泛黄、热稳定性好及附着力强等优点。③使用范围：经表面处理的鲜水果、经表面处理的新鲜蔬菜。

9.1.6 硬脂酸

①ADI 以 GMP（优良制造标准）为限（JECFA，2006），LD_{50} 21.5g/kg（大鼠，经皮）。②性状：白色至微黄色粉末，稍有光泽的硬质固体；不溶于水，可溶于乙醇、乙醚、氯仿。③使用范围：可可制品、巧克力和巧克力制品

以及糖果。

9.1.7 聚二甲基硅氧烷及其乳液

①ADI：0～0.8mg/kg（JECFA，2008）。②性状：无色或浅黄色液体，无味，透明度高，具有生理惰性和良好的化学稳定性。③使用范围：经表面处理的鲜水果、经表面处理的新鲜蔬菜。

9.1.8 聚乙二醇

①ADI 0～10mg/kg（JECFA，2006），LD_{50} 33.75g/kg（大鼠，经口）。②性状：a. 分子量700以下，无色黏稠液体、略有吸水性；b. 分子量700～900，半固体；c. 分子量1000及以上，浅白色蜡状固体。混溶于水和有机溶剂，不溶于大多数脂肪烃类和乙醚。对热稳定，化学性能稳定。③使用范围：糖果和巧克力制品包衣。

9.1.9 聚乙烯醇

①ADI：0～50mg/kg（JECFA，2007）。②性状：白色至淡黄色半透明固体；溶于水，不溶于有机溶剂。③使用范围：糖果和巧克力制品包衣。

9.1.10 紫胶

①ADI不作限制性规定（JECFA，2006）。②性状：暗褐色透明薄片或粉末，脆而坚，无味或稍有特殊气味，溶于乙醇、乙醚，不溶于水，溶于碱性水溶液；主要成分为油酮酸（约40%）、紫胶酸（约40%）、虫蜡酸（约20%）以及少量的棕榈酸、肉豆蔻酸等。③使用范围：柑橘类、苹果、可可制品、巧克力和巧克力制品、胶基糖果、威化饼干。

9.1.11 普鲁兰多糖

①ADI不作限制性规定（JECFA，2006）。②性状：白色至淡黄色粉末；水溶性黏质多糖，易溶于水，成膜性、阻气性强。③使用范围：冷冻饮品（食用冰除外）、糖果、糖果和巧克力制品包衣、预制水产品（半成品）、复合调味料、果蔬汁（浆）饮料、蛋白固体饮料、其他（仅限膜片）。

9.2　水分保持剂

水分保持剂是有助于保持食品中水分而加入的物质。

9.2.1　磷酸及磷酸盐

包含以下种类：磷酸、焦磷酸二氢二钠、焦磷酸钠、磷酸二氢钙、磷酸二氢钾、磷酸氢二铵、磷酸氢二钾、磷酸氢钙、磷酸三钙、磷酸三钾、磷酸三钠、六偏磷酸钠、三聚磷酸钠、磷酸二氢钠、磷酸氢二钠、焦磷酸四钾、焦磷酸一氢三钠、聚偏磷酸钾、酸式焦磷酸钙。

①ADI：$0\sim70mg/kg$（JECFA，2006）。

②1%水溶液 pH 值及应用特点：

a. 磷酸　pH 值 1.5，一般用于酸度调节剂。

b. 焦磷酸二氢二钠　pH 值 $4.0\sim4.5$，可与 Mg^{2+}、Fe^{2+} 形成螯合物，多用于肉制品。

c. 焦磷酸钠　pH 值 $10.0\sim10.2$，有很强的缓冲能力，与 Cu^{2+}、Fe^{2+}、Mn^{2+} 等金属离子络合能力强，用于肉制品和水产制品，可使脂肪乳化，提高保水性。

d. 磷酸二氢钙　每 100mL 溶解 1.8g，饱和溶液 pH 值 3.2，无铝泡打粉中作酸性剂使用。

e. 磷酸二氢钾　pH 值 $4.4\sim4.6$，提高发酵面制品、饮料的产品质量。

f. 磷酸氢二铵　pH 值 $7.8\sim8.2$，酵母培养剂，提高发酵面制品质量。

g. 磷酸氢二钾　pH 值 $8.2\sim8.9$，含油脂产品调节酸度、乳化时需要使用。

h. 磷酸氢钙　微溶于水，每 100mL 溶解 0.02g，易溶于稀酸，用于饼干、代乳品、酵母培养剂。

i. 磷酸三钙　不溶于水，可溶于酸，作抗结剂、酵母培养剂使用。

j. 磷酸三钾　pH 值 12.1，增加肉制品、水产品蛋白质的结着性、稳定性；提高面制品的口感。

k. 磷酸三钠　pH 值 $11\sim12$，增加肉制品、水产品蛋白质的结构稳定性，提高面制品的口感。

l. 六偏磷酸钠　pH 值 $5.8\sim6.5$。用于肉制品，可提高持水性，防止脂肪氧化；用于豆酱、酱油可防止变色，缩短发酵期，调节口味；用于水果饮料、清凉饮料可提高黏度，抑制维生素 C 分解；用于冰淇淋，可提高膨胀率，改善口感和色泽；用于乳制品、饮料，可防止凝胶沉淀；用于啤酒，可澄清酒液、防止浑浊；用于豆类、果蔬罐头，可稳定天然色素。

m. 三聚磷酸钠　pH 值 9.7，用作肉制品、水产制品的水分保持剂、金属离子螯合剂、pH 值调节剂、果蔬外皮软化剂等。

n. 磷酸二氢钠　pH 值 4.4，水分保持剂和酸度调节剂，常用于奶制品中。

o. 磷酸氢二钠　pH 值 9.0～9.2，酸度调节剂，使用在肉制品、奶制品中。

p. 焦磷酸四钾　pH 值 10.4，溶解度较大，多与其他缩合磷酸盐合用，通常用于防止水产罐头结晶、防止水果罐头变色、增强鱼肉持水性等。

q. 焦磷酸一氢三钠　pH 值 7.0，唯一的中性磷酸盐，溶解度高，溶解速度快，是磷酸盐中的优品。

r. 聚偏磷酸钾　基本不溶于水，每 100mL 溶解 0.004g，易溶于稀酸，用作脂肪乳化剂、保湿剂、水的软化剂、金属离子螯合剂、组织改进剂（主要用于水产调制品）、蛋白质沉淀剂等。

s. 酸式焦磷酸钙　难溶于水，可溶于稀酸，用作酸度调节剂、膨松剂。

磷酸盐在肉制品中起调节 pH 作用，使蛋白质偏离等电点，克服肉类成熟时的酸化造成的不利影响，使肌动球蛋白解离为肌动蛋白和肌球蛋白，提高肉类柔软度。磷酸盐能螯合钙镁离子，降低肌肉蛋白间的聚合，增加持水性。在面制品中增加面筋蛋白和淀粉的吸水能力而提高面团的持水性，增加面团筋力和黏弹性。在饮料中螯合离子，保持维生素 C 稳定和防止氧化褐变。在水产品中起保水和抗氧化作用，在乳制品中降低热加工对产品稳定性的不利影响。

9.2.2　甘油

①ADI 不作特殊规定（JECFA，2006），LD$_{50}$ 31.5g/kg（小鼠，经口）。②性状：无色透明黏稠液体，味甜；能与水、乙醇任意混溶，水溶液呈中性。有吸湿性，保水功能强。③使用范围：各类食品（GB 2760 表 A.3 中除外）。

9.2.3　乳酸钠

①ADI 不作限制性规定（JECFA，2006），LD$_{50}$ 2000mg/kg（大鼠，腹

注）。②性状：无色或微黄色黏稠液体，有很强吸水能力，无臭或略有特殊气味，略有咸苦味；能与水、乙醇、甘油融合，水溶液呈中性。应用于食品的保鲜、保湿、增香。③使用范围：生湿面制品。

9.2.4 乳酸钾

①ADI 不作限制性规定（JECFA，2006）。②性状：无色或基本无色的黏稠液体，无臭或略有不愉快的气味，混溶于水，水溶液呈中性；用作吸湿剂、调味剂、乳化剂等。③使用范围：各类食品（GB 2760 表 A.3 中除外）。

10

其他类食品添加剂

本章要点

食品添加剂二十二个大类中的其余类包括面粉处理剂、胶基糖果中基础剂物质、食品工业用加工助剂、其他。本章主要介绍这些添加剂的安全性和作用特点。

10.1 面粉处理剂

面粉处理剂是促进面粉的熟化和提高制品质量的物质。氧化性面粉处理剂可使面粉蛋白质的疏基氧化成二硫键，有利于面筋-蛋白质网状结构的形成。还原性面粉处理剂能降低面粉筋力。

10.1.1 L-半胱氨酸盐酸盐

①LD_{50}：3460mg/kg（小鼠，经口）。②原理：还原剂。能把面筋的蛋白质二硫键还原为疏基，软化面筋，还能激活面粉中木瓜蛋白酶活性，分解面筋蛋白。工艺作用是降低面团弹性，增加延伸性，适用于饼干等食品生产。③性状：无色至白色结晶或结晶性粉末，有轻微特异的酸味。④使用范围：生湿面制品、发酵面制品、冷冻米面制品。

10.1.2 抗坏血酸

①ADI 0～15mg/kg（JECFA，2006），LD$_{50}$≥5000mg/kg（大鼠，经口）。②原理：中速氧化剂。在和面和发酵过程中，还原型抗坏血酸被空气中的氧转化为脱氢抗坏血酸，脱氢抗坏血酸在有氧存在时能将面团中的巯基氧化成二硫键，增加面筋强度。③性状：白色粉末，味酸。④使用范围：各类食品（GB 2760 表 A.3 中除外），去皮或预切的鲜水果，去皮、切块或切丝的蔬菜，小麦粉，浓缩果蔬汁（浆）（按生产需要适量使用）。

在柯莱伍德快速发酵工艺（Chorleywood Bread Process，CBP 法）中，面团是在密封无氧条件下搅拌，由于酵母竞争而很快接触不到空气中的氧，抗坏血酸不能充分地发挥作用。

10.1.3 偶氮甲酰胺

①ADI 0～40mg/kg（JECFA，2011），LD$_{50}$≥10g/kg（小鼠，经口）。②原理：速效氧化剂，对面粉的氧化熟化仅需几分钟时间，将面团中的巯基氧化成二硫键，增加面筋强度；能同时氧化褐色面粉中含有的 β-胡萝卜素、叶黄素等植物色素，使产品变白；仅在遇到水的时候才具有氧化作用，在干粉状态下不具有氧化作用。③性状：黄色至橘红色结晶性粉末；几乎不溶于水和大多数有机溶剂，微溶于二甲基亚砜。④使用范围：小麦粉。

10.1.4 碳酸钙和碳酸镁

①碳酸钙 ADI 不作限制性规定（JECFA，2006），LD$_{50}$ 6450mg/kg（大鼠，经口）；碳酸镁 ADI 不作限制性规定（JECFA，2006）。②原理：碱性膨松剂，与面团发酵产的酸反应生成二氧化碳。③性状：白色粉末。④使用范围：a. 碳酸钙；各类食品（GB 2760 表 A.3 中除外），小麦粉有使用限量要求；b. 碳酸镁；小麦粉、固体饮料。

10.2 胶基糖果中基础剂物质

赋予胶姆糖起泡、增塑、耐咀嚼作用的物质。

10.2.1　天然橡胶

巴拉塔树胶、节路顿胶等。

10.2.2　合成橡胶

丁二烯-苯乙烯、聚丁烯等。

10.3　食品工业用加工助剂

食品工业用加工助剂是一类有助于食品加工能顺利进行的各种物质，与食品本身无关。如助滤、澄清、吸附、润滑、脱模、脱色、脱皮、提取溶剂等。食品工业用加工助剂应在成品中除去，无法完全除去的，应尽可能降低其残留量。加工助剂在食品标签中不必标出。加工助剂种类位于 GB 2760 的附录 C，分为两类：一类为可在各类食品加工过程中使用，残留量不需限定，另一类需要规定功能和使用范围。

本单元不作全部归集，只介绍几个品种以帮助理解。

① 助滤剂：硅藻土、高岭土、聚苯乙烯、聚丙烯酰胺等。

② 脱色剂：活性炭、离子交换树脂。

③ 澄清剂：阿拉伯胶、固化单宁、硅胶、卡拉胶、明胶、脱乙酰甲壳素等。

④ 脱模剂：巴西棕榈蜡、蜂蜡、滑石粉、石蜡等。

⑤ 脱皮剂：月桂酸。

⑥ 消泡剂：高碳醇脂肪酸酯复合物等。

10.4　其他

食品添加剂中还有一些难以归类的小品种等。

10.4.1　冰结构蛋白

阻止冰晶形成，用于冷冻食品。

10.4.2　高锰酸钾

食品加工消毒剂。

10.4.3　咖啡因

主要用于可乐型碳酸饮料。

10.4.4　酪蛋白酸钠

蛋白型乳化剂，主要用于肉制品。

10.4.5　硫酸镁

发酵培养基。

10.4.6　硫酸锌

用于其他饮用水（自然来源饮用水除外）补充锌元素。

10.4.7　硫酸亚铁

用于臭豆腐发色。

10.4.8　氯化钾

用于盐制品。

10.4.9　乳果糖

双歧因子。

11

实　验

　　食品添加剂实验是食品添加剂教学的重要环节，应该采用设计性实验方案。在实验设计过程中能够加深对食品添加剂法规的认识，包括食品添加剂允许使用范围、最高使用限量等。在实验开展过程中能够加深对食品添加剂作用的认识，包括食品添加剂对不同产品适用性选择、添加量认识、复配使用效果的了解等。

　　实验方案由学生以实验小组为单位在实验开展前完成设计，设计方案要明确食品成品的质量要求或目标，在食品基础配方上选择不同添加剂品种、设计不同添加剂用量、构成不同的添加剂复配组合，组成同一产品不同配方的一组实验方案。所作方案应能够反映添加剂单体效果、复配使用效果。在实验过程中可以根据食品成品或半成品的质量情况，实时调整添加剂配方。实验完成后，应能够根据实验结果总结出适合某一产品的添加剂配方，更重要的是通过实验熟悉所使用的添加剂性能，以及在该产品中的贡献。

　　食品添加剂实验可以结合所有的食品工艺实验共同开展。食品工艺实验的食品制作过程都可以使用添加剂。根据本实验的设计原则，组合食品配料、工艺条件参数、食品添加剂配制，可以开展各种食品研究开发的设计性实验。以下是实验设计案例。

实验一　食品增稠剂实验

——食品增稠剂在凝胶态食品制作中的作用：果冻

1. 实验目的

熟悉各种食品增稠剂的使用性能，掌握食品增稠剂使用前的预处理方法。

2. 实验方案

自主选择可选的食品增稠剂品种，在果冻产品配方中，自主设计食品增稠剂的添加总量、添加品种、复配比例，组成系列实验方案，制成可食用的成品。根据成品的质量，分析食品增稠剂的使用效果。

3. 基础配料

橙汁6％，蔗糖6％～12％（以自我口味为准），柠檬酸（可选）0.05％以下（以自我口味为准）。每一配料配制50mL。

4. 主要仪器设备

天平、质构仪、塑料杯封口机、水浴锅、电磁炉、一次杯、搅拌用筷子。

5. 实验方法

按照自己设计的增稠剂配比，首先用冷水分散，然后在搅拌下升温到80℃以上（一定要保证增稠剂已经充分溶胀）。添加其他辅料，搅拌均匀，包装后巴氏杀菌、冷却。

增稠剂的选择要考虑其凝胶性、耐酸性（如果加酸的话）、口感、透明度、协同作用，要求有复合配方。

6. 果冻的质量分析

① 质构仪作弹性测试。

② 感官分析见表 11.1。

表 11.1　果冻的感观分析标准

项目	标准	分值
外观	无杂质和明显凝块、质地均匀、细腻、无裂痕、光滑	20
状态	有弹性、韧性好、凝胶状态好	20
色泽	色泽清亮、透明度高	20
风味	自然清爽、酸度适口	20
口感	光滑、细腻、柔弹、水润	20

实验二 **食品乳化剂和增稠剂实验**

——食品乳化剂和增稠剂在固态食品制作中的作用：面条

1. 实验目的

熟悉各种食品乳化剂和增稠剂的使用性能，掌握食品增稠剂使用前的预处理方法。

2. 实验方案

自主选择可选的食品乳化剂和增稠剂品种，在面条制作过程中，自主设计食品乳化剂和增稠剂的添加总量、添加品种、复配比例，组成系列实验方案，制成可食用的成品。根据成品的质量分析，了解食品乳化剂和增稠剂的使用效果。要求不低于 10 组配方，必须有乳化剂和增稠剂之间的复合配方。

3. 基础配料

面粉，食盐。

食品乳化剂、增稠剂推荐用量 0.1％～0.3％，木薯交联淀粉（可选）5％。

4. 主要仪器设备

面条机、天平、电磁炉、锅、碗。

5. 实验方法

称取 100g 面粉于不锈钢和面盆中，加入食品乳化剂、增稠剂搅拌均匀（干粉混合）。加入 35mL 盐水（水温 30 ℃含 1.5g 盐）搅拌形成料胚，在面条机上进行压片、切条。压片过程为：在压辊间距 3.5mm 处压成面片，可数次合片。然后逐步调节辊间距将面条压薄至 1mm 左右，用面条机切成面条，面条宽度自定。将湿面条束切成 20cm 长，装入保鲜袋保湿醒发 5min，以备煮面品尝评分用。

6．面条的质量分析

用相同的条件煮面条至断生，立即捞出，分放在碗中待品尝，评分标准见表 11.2。

表 11.2 面条评分标准

项目	满分	评分标准
色泽	10	面条颜色白至乳白、光亮，8.5～10 分；亮度一般，6～8.4 分；色暗、发灰，亮度差，1～5.9 分
表面状态	10	表面结构细密、光滑，8.5～10 分；一般，6～8.4 分；粗糙、膨胀、变形严重，1～5.9 分
适口性	20	硬度适中，17～20 分；偏硬或偏软，12～16.9 分；过硬或过软，1～11.9分
韧性	25	有咬劲、富有弹性，21～25 分；一般，15～20.9 分；咬劲差、缺乏弹性，1～14.9分
黏性	25	咀嚼时爽口、不黏牙，21～25 分；一般 15～20.9 分；不爽口、发黏，1～14.9分
光滑性	5	滑爽，4.3～5 分；一般，3～4.2 分；不滑爽，1～2.9 分
口味	5	有麦香味，4.3～5 分；基本无异味，3～4.2 分；有异味，1～2.9 分
总分	100	精制小麦粉制品大于 85 分，普通小麦粉制品应大于 75 分

实验三 食品抗氧化剂实验（一）

——食品抗氧化剂在水质食品制作中的作用：苹果汁

1. 实验目的

熟悉各种食品抗氧化剂的使用性能和使用限量。

2. 实验方案

根据食品抗氧化剂的作用类型，在苹果汁制作过程中，自主选择可选的抗氧化剂品种，设计食品抗氧化剂的添加总量、添加品种、复配比例，组成系列实验方案。根据成品的质量评价，了解食品抗氧化剂的使用效果。要求不低于10组配方，要求有复合配方。

3. 基础配料

鲜榨苹果汁，食品抗氧化剂。

注意：抗氧化剂的使用首先关注是否是 GB 2760 允许使用的范围和用量，其次要考虑水溶性和油溶性的差别。

4. 主要仪器设备

食品料理机、真空泵、抽滤瓶、天平、分光光度计。

5. 基本操作步骤

① 将苹果去皮切块，浸渍在 1.5% 的柠檬酸溶液中备用。

② 按 50g 苹果汁的量，预先准备好食品抗氧化剂。

③ 将装有食品抗氧化剂的烧杯或一次杯放在天平上，备好的苹果用食品料理机（不能用原汁机）榨汁，所需苹果汁通过天平读取，达到 50g 后移出烧杯。注意初出的苹果汁要立即和预先准备的食品抗氧化剂混

合均匀，确保溶解，不能等 50g 苹果汁全部榨出后再搅拌。称量好的苹果汁与食品抗氧化剂混合均匀，保持 30min。

6. 苹果汁褐变的评价

苹果汁用硅藻土过滤，在 460nm 测定吸光度，以不添加抗氧化剂的苹果汁作为参比，得出苹果汁褐变程度。

实验四　食品抗氧化剂实验（二）

——食品抗氧化剂在油质食品制作中的作用：油炸花生

1. 实验目的

熟悉各种食品抗氧化剂的使用性能和使用限量。

2. 实验方案

根据食品抗氧化剂的作用类型，在油炸花生表面涂布一层抗氧化剂。自主选择可选的抗氧化剂品种，设计食品抗氧化剂的添加总量、添加品种、复配比例，组成系列实验方案。根据成品的质量评价，了解食品抗氧化剂的使用效果。要求不低于 8 组配方，要求有复合配方。

3. 基础配料

花生米，不含食品抗氧化剂的食用油。

4. 主要仪器设备

天平、电磁炉、培养箱、锅、漏勺。

5. 基本操作步骤

以不含抗氧化剂的食用油来油炸花生米。另行按照自己设计的配方，配制数份含有不同抗氧化剂配方的食用油。在花生米熟化后捞出、沥干，分别浸渍到不同配方的食用油中，约 1min 后捞出、沥干，在花生米表面涂布一层含不同抗氧化剂的食用油。花生米放置在 60℃培养箱中，不做封口。每天来观察一次，查看油脂酸败情况。

注意：①由于抗氧化剂用量微小，难以称量，可以全班一起操作，配制成一定浓度的油，然后按需要量取油样，混合配制。②抗氧化剂功能强大，如果用量较多，可能数月都不变质。

6. 花生米酸败的评价

花生米酸败状况主要依据感官判断，有差别后可以选择性测定酸价、过氧化值。

实验五 食品酶制剂实验（一）

——食品水解酶在果汁制作中的作用

1. 实验目的

熟悉食品水解酶类制剂的使用性能。

2. 实验方案

自主选择合适的食品酶制剂，在苹果汁制备过程中，设计食品酶制剂的添加总量、添加品种、是否需要复配、酶解条件，组成系列实验方案。根据成品的质量分析，了解食品酶制剂的使用效果。要求不低于10组配方，要求有复合配方。

3. 基础配料

苹果，酶制剂推荐用果胶酶、纤维素酶、半纤维素酶。

4. 主要仪器设备

高速组织捣碎机、惠人原汁机、水浴锅、抽滤瓶、真空泵、分光光度计、天平。

5. 基本操作步骤

苹果经过清洗后去皮、切块，用高速组织捣碎匀浆机打浆，制得苹果浆。置100g苹果浆于三角烧瓶中，加入酶制剂，调节或不调节酸度，用保鲜膜封口，在设定温度下恒温酶解一定时间（水浴或恒温振荡器反应）。

6. 苹果汁的分析

① 用惠人原汁机榨汁（对照可用100g苹果块），或用纱布过滤（苹果浆

难以榨汁），称取苹果汁的质量。

② 苹果汁用硅藻土过滤，观察清液的透明度。

③ 以不加酶的苹果汁液为对照。

④ 出汁率计算：出汁率/％＝苹果汁的质量/酶解前苹果浆的质量×100％。

⑤ 用比浊法测定透明度，测定 OD_{600}。

实验六　食品酶制剂实验（二）

——复合酶对面包品质的影响

1．实验目的

熟悉淀粉酶等酶制剂的使用性能。

2．实验方案

自主选择真菌淀粉酶、糖化酶、戊聚糖酶、谷氨酰胺转氨酶（TG 酶），组成适当的酶制剂复合配方，加入调制面团中，根据面包成品的质量分析，了解食品酶制剂的使用效果。要求不低于 10 组配方。

3．基础配料

高筋小麦粉，即发干酵母，奶粉，鸡蛋，白砂糖，盐，黄油，水。

4．主要仪器设备

天平、搅面机、醒发箱、烤炉。

5．面包基本配方（咸味吐司面包配方）

高筋小麦粉 500g，奶粉 20g，鸡蛋 60g，白砂糖 50g，盐 9g，黄油 50g，即发干酵母 5g，水 250g。这些原料分成 10 份操作。

在搅面机中形成面团后，分成 10 份，分别加入不同酶制剂，以不加酶的面团为对照。在温度 28～30℃，相对湿度 75％～85％条件下发酵约 4h，整形、醒发后以 170℃上下火烘烤约 20～30min。

6．产品质量评价指标

实际生活没有评价体系，表 11.3 供读者参照使用。

表 11.3 面包评分参考

评分项目		缺点	满分分数	样品号码1		样品号码2		样品号码3	
				应得分数	缺点	应得分数	缺点	应得分数	缺点
外观评分	体积	①太大;②太小	10						
	表皮色泽	①不均匀;②太浅;③有皱纹;④太深;⑤有斑点;⑥有条纹;⑦无光泽	10						
	外表形状	①中间浅;②一边低;③两边低;④不对称;⑤顶部过于平坦;⑥收缩变形	10						
	烘焙均匀度	①四周颜色太浅;②四周颜色太深;③底部颜色太浅;④有斑点	10						
	表皮质地	①太厚;②粗糙;③太硬;④太脆;⑤其他	5						
内质评分	颗粒和气孔	①粗糙;②气孔大;③壁厚;④不均匀;⑤孔洞	15						
	内部颜色	①色泽不白;②太深;③无光泽	10						
	香味	①酸味大;②陈腐味;③生面味;④香味不足;⑤哈喇味	10						
	口味和口感	①口味平淡;②太咸;③太甜;④太酸;⑤发黏	20						

实验七 食品防腐剂实验（一）

——食品防腐剂在液态食品中的防腐作用：苹果汁

1. 实验目的

熟悉各种食品防腐剂的使用性能和使用限量。

2. 实验方案

根据食品防腐剂的作用类型，按照自己制作苹果汁的最佳方案制备苹果汁，在其中自主选择可选的品种，设计食品防腐剂的添加总量、添加品种、复配比例，组成系列实验方案。根据成品的保藏效果，了解食品防腐剂的使用效果。要求不低于 10 组配方，要求有复合配方。

3. 基础配料

苹果，白糖，柠檬酸。

4. 主要仪器设备

高速组织捣碎机、原汁机、水浴锅、抽滤瓶、真空泵、天平。

5. 基本操作步骤

按照自己制作苹果汁的最佳方案生产苹果原汁，添加水、糖、柠檬酸、食用香精，配制成含 10％苹果原汁的苹果汁饮料。糖浓度在 5％左右，总酸浓度在 0.05％左右，可按照喜好调整。按照各自的设计方案加入食品防腐剂，用封口杯包装，65℃水浴杀菌 30min，保藏在 37℃培养箱中。每天来观察一次，查看腐败情况。

6. 苹果汁的质量分析

苹果汁的质量主要根据是否浑浊、有否胀气、气味是否正常作初步判断，结合镜检。有条件应作菌落总数测定。

实验八 食品防腐剂实验（二）

——食品防腐剂在固态食品中的防霉作用：大米糕

1. 实验目的

熟悉各种食品防腐剂的使用性能和使用限量。

2. 实验方案

根据食品防腐剂的作用类型，在大米糕中自主选择可选的品种、设计食品防腐剂的添加总量、添加品种、复配比例，组成系列实验方案。根据成品的保藏效果，了解食品防腐剂的使用效果。要求不低于8组配方，要求有复合配方。

3. 基础配料

大米，糯米，白砂糖。

4. 主要仪器设备

摇摆式粉碎机、天平、蒸锅。

5. 基本操作步骤

大米：糯米＝2：1，泡发2h以上。用摇摆式粉碎机磨碎，过筛。加入5％的白砂糖，以及设计好的食品防腐剂，搅拌均匀，每一配方用原料60g，分成2～3组平行样品。蒸屉上铺好蒸屉纸，把米粉松松地铺在蒸屉纸上，厚度0.5～1cm。蒸30～40min，出锅，放在实验室台面上自然冷却，放入封口杯中封口。

注意：不可使米糕干燥脱水，并要有空气，否则实验可能失败。

6. 米糕的质量分析

以不添加防腐剂的米糕为空白对照，每天观察，查看腐败霉变情况，用照片记录。

参考文献

[1] 食品安全国家标准 食品添加剂使用标准 GB 2760—2014.北京：中国标准出版社，2015.

[2] 凌关庭.食品添加剂手册.4版.北京：化学工业出版社，2012.

[3] 吉鹤立.中国食品添加剂及配料使用手册.北京：中国质检出版社，中国标准出版社.2016.

[4] 孙宝国.食品添加剂.2版.北京：化学工业出版社，2013.

[5] 李建颖.食品添加剂速查手册.天津：南开大学出版社，2017.